TOUTE LA BASSE-COUR

Par H. VOITELLIE

Bibliothèque Larousse

Toute la Basse-Cour

Toute la Basse-Cour

Poules - Dindons - Canards
Oies - Pigeons - Lapins

Traité pratique et complet d'élevage productif

Par Henri VOITELLIER
Chevalier de la Légion d'honneur.

59 GRAVURES

Bibliothèque Larousse
Paris. - 13-17, rue Montparnasse

PRÉFACE

Felices nimium rus gallinasque colentes (1).

PRODIGUER des soins aux bêtes, c'est travailler dans son intérêt propre, car celles-ci rendent largement par leurs produits tout ce qu'elles ont pu recevoir. Aimer les bêtes n'est donc pas un sentiment platonique, c'est un mouvement commandé par l'intérêt immédiat, c'est l'accomplissement d'une tâche dont la rétribution ne fait jamais défaut. « Qui aime les bêtes aime les gens, » dit un vieux proverbe : on pourrait, avec le même sens, dire plus justement : « Qui soigne les animaux sème pour récolter. »

En vertu de cet adage, c'est un devoir, pour quiconque a l'heureuse fortune de vivre à la campagne, de s'entourer d'animaux grands ou petits, et, comme la culture des plus gros n'est pas accessible à tous et se trouve forcément l'apanage de quelques privilégiés, c'est aux petits, désignés communément sous le nom d'animaux de basse-cour, que seront réservés les soins de la majorité. Les poules, les lapins, les pigeons, les oies, les canards, les dindons, les pintades, constituent les éléments d'une exploitation suffisante pour obtenir des profits très appréciables qui, minimes individuellement, finissent parfois, vu le grand nombre de têtes composant le troupeau, par rivaliser, en fin d'exercice, avec ceux fournis par le gros bétail.

Les produits de ces petits animaux sont de consommation tout aussi courante, tout aussi indispensable que ceux des gros : l'œuf va de pair avec le lait; l'on ne saurait se passer plus de l'un que de l'autre. L'œuf constitue l'un des meilleurs et des principaux aliments de l'homme; par conséquent, la poule qui produit cet œuf est l'un des animaux domestiques dont on saurait le moins se priver, un de ceux qui méritent les soins les plus attentifs, les plus réguliers. Et c'est celui qui, en raison de

(1) Aimer la campagne et les poules, là est le vrai bonheur.

sa fécondité exceptionnelle, de sa précocité, paye les soins, pour ainsi dire, au comptant et se montre le moins exigeant.

Aussi, est-ce à la poule que revient la première place. Les principes généraux de son élevage et de son entretien s'appliquent d'ailleurs à peu près intégralement aux autres animaux de basse-cour et, quand il s'agit d'hygiène, par exemple, tous sont égaux devant les grandes lois qui régissent les conditions physiologiques de l'existence.

Ce sont ces principes et ces lois, dans leur application particulière, que nous nous proposons d'étudier dans cet ouvrage.

H. V.

Toute la Basse-Cour

I. — Hygiène.

PRINCIPE FONDAMENTAL DE L'ÉLEVAGE. — LOGEMENT. — DISPOSITION DES POULAILLERS. — POULAILLERS TROP ÉTROITS. — POULAILLERS MALPROPRES. — PROTECTION DES POULES CONTRE LE FROID EN HIVER.

Le principe fondamental de l'élevage primant toutes les questions accessoires est l'hygiène. Sans hygiène, aucun profit à tirer des animaux ; souvent même perte certaine. Mieux vaut n'en jamais avoir que de les mal entretenir.

Qu'est-ce que l'hygiène ? C'est le fait de placer les bêtes dans les conditions les plus favorables au maintien de leur santé, c'est-à-dire de leur donner habitat et nourriture se rapprochant le plus possible de ceux qu'ils trouveraient eux-mêmes s'ils vivaient en liberté.

Logement. — Pour la poule, l'habitation, — c'est-à-dire le *poulailler*, où, par son habitude de se coucher tôt et de ne pas se lever à la pointe du jour, elle passe plus de la moitié de son existence, — constitue un des principaux éléments de sa santé. L'usage et la tradition ont, à ce propos, laissé s'accréditer dans les campagnes des erreurs graves : point ne serait besoin, suivant l'habitude, de s'occuper du logement des poules, encore moins de le nettoyer ; le premier recoin venu obscur et sans air leur est suffisant. De cette croyance, tellement invétérée que bien souvent toute contradiction reste sans effet, découlent non seulement toutes les maladies et épidémies qui déciment parfois les basses-cours, mais un état général de malaise et un défaut de vitalité des poules restreignant très sensiblement leur production.

Un *poulailler trop étroit* et obscur ne peut être facilement nettoyé ; l'agglomération de ses habitants y dégage la nuit une température bien supérieure à celle de l'air extérieur et quand ceux-ci sortent le matin, enfiévrés et altérés par cet excès de chaleur, ils boivent avidement de l'eau très fraîche, et contractent un refroidissement : d'où coryza, angine, diphtérie et finalement phtisie. De là ces poules à crête blanche ratatinée, maigres, anémiques, ne pondant plus et finissant misérablement, sans qu'on en puisse tirer aucun profit.

Un *poulailler malpropre* est un foyer d'infection d'où se dégagent des miasmes rendant à ses hôtes l'air irrespirable ; donnant asile à des acares ou poux de toute espèce qui, à la faveur d'une température surélevée et d'un calme absolu, y pullulent en nombre incalculable et deviennent, pour les occupants, un véritable fléau, leur suçant le sang jusqu'à épuisement, leur causant un tourment constant par des piqûres aussi nombreuses qu'incessantes, dont les conséquences, pires que celles d'une maladie organique, sont souvent mortelles ou amènent tout au moins un arrêt prolongé dans la production.

Si les poules étaient libres, loin de loger en de semblables réduits, elles coucheraient dans les arbres, au grand air et hors des atteintes des acares. Quand cela est possible, c'est le meilleur poulailler à leur donner. Autrement, un hangar fermé de trois côtés et ouvert sur le devant, clos par un grillage si l'on redoute les maraudeurs ou les bêtes fauves, avec perchoir sur un même plan et sable ou litière changés tous les jours ou tout au moins deux fois par semaine, sous lesdits perchoirs.

Une partie quelconque d'un bâtiment peut servir de poulailler, à condition d'en grillager toute la façade, d'en cimenter le sol pour permettre de fréquents lavages, et de donner au plafond et aux murs une surface lisse, avec angles arrondis autant que possible, sur laquelle il soit facile d'appliquer deux fois par an un badigeonnage au pétrole pur ou au carbonyle, seul moyen de détruire les acares. Aucun perchoir ne sera scellé dans les murs, et tous, horizontalement disposés, seront mobiles pour être facilement lavés.

Une voûte, comme il y en a tant dans les constructions rurales, et que l'on est tenté de considérer comme absolument confortable, est tout ce qu'il y a de plus mauvais, même ouverte sur le devant.

En hiver et par les grands froids, pour favoriser la ponte et pour protéger les coqs à grandes crêtes et à longs barbillons contre la gelée — crêtes et barbillons gèlent souvent au-dessous de 7°, surtout par temps brumeux — rien ne s'oppose à l'admission des poules dans l'étable ou dans l'écurie, mais sous certaines réserves cependant. Le contact immédiat est dangereux pour tous : d'un côté vaches ou chevaux écrasent les poules, cassent les œufs pondus dans les crèches; de l'autre, les ordures salissent les provendes, les plumes tombées font tousser les animaux; vachers et charretiers exagèrent les doléances. On peut tout concilier en isolant un coin de l'étable ou de l'écurie par un grillage fin : les poules jouissent de la température douce, sans qu'il y ait à redouter l'excès de chaleur puisque le cube d'air est considérable, et elles n'ont aucun contact avec le bétail qui remplit seulement pour elles l'office de calorifère.

Naturellement le nettoyage quotidien s'impose encore plus dans ce logement que dans les autres, afin d'éviter la propagation des poux qui ne manqueraient pas de franchir le grillage et d'envahir le voisinage.

Dans les villas et dans les maisons où les poules viennent en complément d'un jardinet aux proportions restreintes, une cabane en bois avec plancher surélevé, dont le dessous forme abri pour le jour et le dessus refuge pour la nuit, est le meilleur des poulaillers (V. *pl.* I). On lui fait un parc au moyen de quelques panneaux de grillage mobiles, permettant d'entourer un arbre dont les poules jouissent de l'ombrage. Si, au bout de quelque temps, le sol devient sale, on change les panneaux de place comme on ferait d'un parc à moutons, et les poules, sur un sol neuf, retrouvent l'illusion et les bienfaits du libre parcours.

En somme, l'installation du poulailler peut se résumer en ces deux points :

1° Dimensions et aération — sans courant d'air — suffisantes pour éviter les excès de chaleur causés par l'agglomération des habitants pendant la nuit;

2° Propreté constante et absolue pour combattre la pullulation des acares.

II. — Alimentation.

NOURRITURE A PRÉFÉRER POUR LES POULES. — COMMENT DONNER LA BOISSON. — MALADIES PROVENANT D'UNE MAUVAISE ALIMENTATION.

Nourriture. — La poule, en raison de son énorme production, a besoin d'une nourriture forte et substantielle. Elle donne annuellement de 7 à 8 kilogrammes d'œufs, c'est-à-dire plus du double de son poids, d'une matière excessivement riche, exigeant, pour sa formation, des éléments azotés et phosphatés en grande quantité. Naturellement, elle se nourrit de graines, de baies, d'insectes, d'herbes fines et elle absorbe en outre, pour faciliter en son gésier la trituration de ces divers aliments, quantité de petits graviers.

Quand elle a libre parcours aux champs, elle y trouve à peu près tout ce qui lui convient, et elle n'a besoin que d'un peu de grain pour parfaire son menu. Encore peut-elle s'en passer pendant les deux ou trois mois qui suivent la moisson.

Dans les cours closes ou dans les parquets, l'équivalent consiste en grains dont le meilleur est l'avoine; suivant les contrées, c'est le sarrasin, l'orge, le maïs, le dary; le blé ou les déchets de blé ne viennent qu'en dernier. Pour remplacer les insectes, des déchets de viande hachés menus, de la poudre de viande desséchée, de la farine d'os, de coquilles d'huîtres en petite quantité et mélangés avec des croûtes de pain trempé. L'emploi de la trémie à arceaux (*fig.* 1) évite les pertes d'aliments.

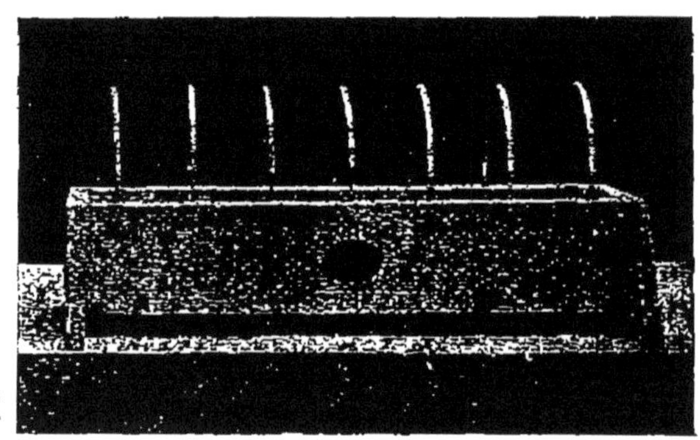

Fig. 1. — Trémie à arceaux pour éviter les pertes de grain.

Enfin, tous les jours et largement, des distributions de verdure fraîchement cueillie, chicorée sauvage, oseille, laitues, salades de toutes sortes, feuilles de choux, ces dernières modérément pour ne pas donner aux œufs un goût désagréable. En hiver, quand toute verdure fait défaut, une betterave coupée en deux, suspendue par une ficelle ou par un crochet à 20 centimètres du sol. Les poules y picotent toute la journée jusqu'à ce qu'il ne reste plus que la peau. Enfin, un petit tas de sable de rivière, autant que possible fréquemment renouvelé, afin qu'il soit toujours propre, où se trouvent les petits graviers nécessaires à la digestion. Un dernier soin à prendre est de ménager sous un hangar ou sous un abri quelconque un assez fort tas de cendre de bois mélangée d'un peu de sable fin. C'est là où les poules, — gallinacés appartenant au genre des *pulvérulents*, c'est-à-dire des oiseaux qui, au lieu de se baigner dans l'eau, prennent des bains de poussière, en se roulant dans la terre très sèche et en la faisant passer, par une sorte de tressaillement tout particulier, au travers de toutes les plumes, — viennent se rouler, se laver pourrait-on dire, à leur façon, et procéder à leur toilette quotidienne. La potasse contenue dans les cendres leur sert de savon, et elles ne manquent pas d'en user avec une satisfaction évidente.

Les pâtées de pommes de terre ou de betteraves cuites, de farines ou analogues préconisées par maints auteurs, ne valent absolument rien pour l'entretien des reproducteurs et des pondeuses : elles ne conviennent que pour l'élevage des poulets destinés à la consommation. Ceux-ci devant être sacrifiés dès l'âge de quatre mois environ, il n'y a pas à leur assurer un tempérament robuste et à prévoir la production d'œufs ; seul le résultat immédiat, poids et chair fine et blanche, est à considérer. Dans ce but : pâtée de petit-lait et de farine d'orge ou de maïs, depuis la naissance jusqu'au sacrifice.

Boisson. — De tous les modes de distribution de la boisson, le meilleur et le plus recommandable est l'eau courante ; mais on n'en peut avoir partout. Il est cependant facile, dans bien des cas, d'en obtenir artificiellement : un robinet coulant goutte à goutte dans une augette étroite et assez longue, placée horizontalement et dont l'extrémité aboutit à un tuyau rejoignant un bassin ou un puisard. Cela équivaut à un petit ruisseau, et de cette façon les poules ne boivent jamais dans la même eau. On évite ainsi la plupart des maladies et tout particulièrement la diphtérie, qui ne se communique le plus souvent que par l'eau. Ce genre de contagion s'explique facilement : la poule atteinte de diphtérie, c'est-à-dire ayant la gorge et la langue tapissées de fausses membranes blanches, cherche à boire pour se dégager; l'eau fraîche qu'elle absorbe provoque toujours une sorte de toux qui détache quelques parties de ces fausses membranes, et celles-ci tombent dans l'eau. La poule qui vient boire un instant plus tard les ramasse et devient malade à son tour. La propagation du mal est ainsi dans certains cas tellement rapide qu'elle affecte la forme d'une épidémie. Aucun accident de ce genre n'est à craindre avec l'eau courante. A son défaut, employer les récipients siphoïdes (*fig.* 2) à petit orifice où l'eau se maintient propre et fraîche, en les nettoyant chaque matin sans exception, mais jamais les vases plats où les bêtes piétinent et où l'eau est presque toujours sale. Par les temps de grande chaleur ou si quelques bêtes paraissent malades, un peu de sulfate de fer dans la boisson est d'un bon effet.

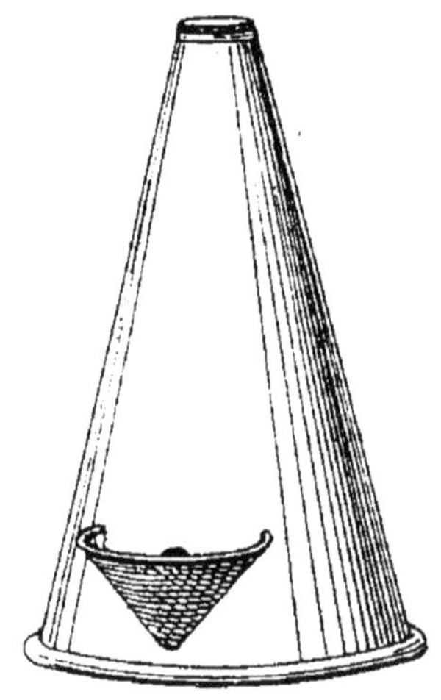

Fig. 2. — Abreuvoir siphoïde.

Généralités. — En suivant ces grands principes d'hygiène, aucune épidémie n'est à craindre, pas même le fameux *choléra* des poules, si redouté des éleveurs, car celui-ci n'existe pas. Quand des poules meurent en quantité dans une même région, c'est que toutes sont soumises à la même mauvaise hygiène et en ressentent les mêmes effets. C'est que toutes, logées en des poulaillers sales et trop étroits, souffrent la nuit d'excès de chaleur; c'est que toutes, pour cette raison, contractent la phtisie ou la diphtérie et se la communiquent par l'eau puisée à des récipients malpropres ou à des mares infectes, ou bien encore qu'une graine vénéneuse leur est distribuée. La nielle des blés, par exemple, jolie fleur mauve donnant une petite graine noire un peu velue, inoffensive en grain, est nocive au premier chef quand elle est transformée en farine en même temps que des déchets de blé. Il suffit qu'un meunier d'une région où la nielle domine dans les blés lance de ces farines dans la circulation, et que l'on ait l'habitude de distribuer de nombreuses pâtées, pour que la mortalité dans les basses-cours prenne le caractère d'un véritable choléra. Mais encore une fois celui-ci n'existe pas et rien n'est plus simple que d'éviter par un peu de précaution les fléaux qui lui ressemblent.

III. — Choix de la race à cultiver.

MEILLEURE RACE DE POULES. — SUPÉRIORITÉ DES RACES FRANÇAISES. — CAS OU IL Y A AVANTAGE A CROISER UNE RACE FRANÇAISE AVEC UNE RACE ÉTRANGÈRE.

Le complément immédiat de l'installation du poulailler est le choix des hôtes qu'on lui destine. Là encore sont de grands principes à observer, en dehors desquels il n'y a que mécomptes.

Le but de l'élevage et de l'entretien d'une basse-cour est presque partout à peu près le même : production simultanée des œufs et des poulets pour la consommation; par conséquent, partout les mêmes conditions s'imposent ; il suffit de très légères variantes pour accentuer, suivant les besoins, l'une ou l'autre de ces productions.

A ce point de vue, nos races de poules françaises, qui sont incontestablement les meilleures du monde, sont surtout les meilleures quand on les prend chacune en son pays d'origine, avec un tempérament parfaitement adapté au sol et au climat de la région, où elles ont, par conséquent, le maximum de résistance et de santé, où elles donneront, par suite, le maximum de production avec le minimum de frais d'entretien.

Or, la France, particulièrement riche à ce sujet, possède en chacune de ses régions, presque en chacune de ses provinces, une race de poules locale, parfaitement autochtone, ou du moins formée et fixée depuis assez longtemps pour prétendre au même titre. Si ces races n'existent pas partout à l'état pur permettant de trouver facilement des reproducteurs sans défauts, du moins en trouve-t-on quantité de spécimens assez homogènes pour pouvoir reconstituer le type pur, en deux ou trois générations, avec la moindre sélection méthodique.

C'est donc, sans hésitation, la race locale qu'il convient d'adopter pour peupler le poulailler : en Seine-et-Oise, *Houdan, Mantes, Faverolles;* — dans la Sarthe, *La Flèche, le Mans;* — en Bretagne, *coucou de Bretagne, Janzé;* — en Charente, *Barbézieux;* — dans le Sud-Ouest, *Gasconne;* — dans le Midi, *Caussade;* — dans le Sud-Est, *Bresse;* — dans le Centre, *Bourbonnaise, Contres, noire du Berri, Gâtinaise;* — dans l'Est, *Ardennaise;* — dans le Nord, *coucou de Flandre;* — en Normandie, *Caumont, Crèvecœur, Gournay, Pavilly.*

Il n'y a que l'embarras du choix, dans la majeure partie des départements, et partout il y a les éléments nécessaires pour donner satisfaction à toutes les exigences.

Aucune race étrangère, si bonne soit-elle, si prônée soit-elle par la mode et par les amateurs sportifs, ne peut présenter les mêmes avantages qu'une quelconque de nos races nationales en son pays d'origine.

On peut, dans quelques contrées, trouver, et avec raison, que les poulets de ces races françaises manquent de volume et de poids et ne donnent pas, sur les marchés, un rendement suffisant. Rien n'est plus facile, — tout en maintenant la race dans toute sa pureté, en lui conservant ses merveilleuses aptitudes de ponte, de précocité, de rusticité et de finesse de chair, — de doubler presque le poids des poulets qu'on veut élever en vue du marché : il suffit, trois semaines avant l'époque où l'on doit réserver les œufs dont l'incubation devra produire les poulets en question, de substituer au coq de race pure un coq Brahma ou un Indien ; tous les produits dépasseront de plus d'un tiers le volume des poules qui auront fourni les œufs, et seront excellents pour la consommation. Mais on s'imposera comme règle absolue d'envoyer au marché tous ces poulets sans exception, et de ne pas chercher à constituer avec eux une race nouvelle.

Pour la remonte de la basse-cour et le renouvellement annuel d'une partie des pondeuses, le coq de race pure reprendra sa place avec ses poules, ou, ce qui serait mieux, sera resté dans un enclos spécial, avec quelques-unes seulement d'entre elles, choisies parmi les meilleures, les plus belles et les plus conformes au type adopté. C'est ce qu'on appelle la « basse-cour de sélection ». Cette dernière, bien tenue, bien aménagée et sévèrement surveillée, n'est pas l'un des moindres éléments de succès pour l'élevage.

IV. — Sélection et consanguinité.

CE QU'EST LA SÉLECTION. — COMMENT LA PRATIQUER. — CAS DE RÉFORME. — CONSANGUINITÉ. — EFFETS DE LA CONSANGUINITÉ.

Sélection. — La sélection est le fait de choisir dans une bande de poulets de trois ou quatre mois ceux qui semblent devoir être les meilleurs reproducteurs, ou plutôt d'éliminer tous ceux qui présentent un défaut quelconque de plumage ou de conformation, afin de les soumettre à l'engraissement ou de les envoyer au marché.

La sélection porte à la fois sur les caractères particuliers de la race, sur la structure et sur la santé ; c'est pour ainsi dire un examen à trois degrés, dont le premier consiste en une inspection sommaire, à la suite de laquelle ne sont retenus que les sujets présentant dans leur ensemble tous les points caractéristiques de la race à laquelle ils appartiennent. Le second, visant la santé, élimine tout poulet de développement insuffisant ou dont le poids ne serait pas normal, ou qui n'aurait pas la démarche aisée, l'œil ardent et la crête rouge. Le troisième, passé à la main, est la vérification du squelette : un dos rond, un brechet tordu, un cou arqué, un doigt tors, sont des vices rédhibitoires à ne pas tolérer, même chez le coq le plus parfait d'aspect et de plumage. Le poulet étant en main, on vérifie les points caractéristiques de race qui auraient pu échapper à l'inspection faite à distance, tels que couleur de l'œil, de l'oreillon, forme de la crête, plumes de couleur dissimulées dans le camail ou dans les lancettes, plumes blanches sous les ailes, forme du bec, disposition des doigts, et tous les menus détails constituant, par leur réunion, la perfection chez un animal de race pure. Bien rares sont les sujets subissant avec succès ces trois épreuves; mais ceux-là, au moins, sont capables de faire des reproducteurs avec lesquels on verra s'améliorer régulièrement la basse-cour, et, par suite, le profit qu'on en attend.

La première condition pour mener à bien cette opération est d'apprendre à connaître la race que l'on cultive, à en étudier tous les caractères, soit dans les expositions, soit dans les traités écrits par des spécialistes praticiens, soit avec les avis d'amateurs éclairés, éleveurs eux-mêmes et lauréats de concours, soit enfin auprès des sociétés d'aviculture, où l'on peut toujours trouver les enseignements les plus sûrs et les plus désintéressés.

Consanguinité. — Il est un préjugé admis un peu partout, sans discussion, comme article de foi, que des poules de race pure, même isolées et à l'abri de tout contact avec celles des maisons voisines, dégénèrent en quelques années, si l'on n'a soin souvent de changer le sang par l'introduction de coqs de provenance étrangère.

Le fait est incontestable : fondez une basse-cour avec un coq et six poules à peu près irréprochables, grands lauréats de concours et de race absolument pure ; si ce lot a produit cinquante poules, dont, l'année suivante, on prendra indistinctement tous les œufs, pour en avoir deux cents la seconde année, et si on prend encore, au hasard, parmi les œufs de ces deux cents poules ceux destinés à l'incubation, il est évident que la quatrième génération n'aura plus que l'aspect général de la race pure originelle, et qu'il sera difficile, dans tout le troupeau, de trouver un seul sujet comparable au type primitif. Ce résultat déplorable n'est pas dû à la consanguinité, c'est-à-dire à l'union immédiate entre frères et sœurs et entre parents et enfants, mais au défaut d'observation des règles de la sélection.

Il est certain que les premiers sujets importés n'étaient pas tous d'une absolue perfection ; les défauts qu'ils pouvaient avoir se sont reproduits un peu plus accentués chez leurs descendants, et ces défauts, par la suite, s'alliant entre eux, ont été en augmentant, en vertu de ce grand principe qu'un même défaut existant simultanément chez un reproducteur mâle et chez la femelle est multiplié dans le produit. Les qualités s'additionnent seulement ; c'est pourquoi on va bien plus vite dans le sens de la dégénérescence que dans celui du perfectionnement. En faisant chaque année une sélection sévère, on évite l'association de défauts et on est assuré, sans avoir nullement à redouter les conséquences de la consanguinité, de conserver sa race sans jamais y importer d'éléments étrangers, et de toujours l'entretenir en voie d'amélioration.

La sélection est le secret de tous les perfectionnements en élevage, mais à la condition qu'elle soit pratiquée en toute connaissance de cause, avec méthode, régularité et intelligence. La consanguinité, loin d'entraver son œuvre, ne peut que lui venir en aide.

V. — L'Œuf.

AVANTAGES DE LA PRODUCTION DES ŒUFS. — PONTE MOYENNE D'UNE POULE. — ŒUFS A PRÉFÉRER. — COMMENT AVOIR DES ŒUFS EN HIVER. — FÉCONDATION. — CONSÉQUENCE FACHEUSE DE LA GELÉE POUR LES ŒUFS.

Production des œufs. — L'œuf est le point d'origine de la poule; il est aussi son produit immédiat. Pas de poules sans œufs, pas d'œufs sans poules. Les deux propositions méritent autant l'une que l'autre de retenir l'attention. Impossible de peupler une basse-cour, d'élever quantité de poulets pour approvisionner le marché, sans avoir beaucoup d'œufs à sa disposition. Impossible d'avoir beaucoup d'œufs, sans quantité de poules. Étudier les moyens d'obtenir les uns, c'est rechercher le mode de cultiver les autres; or, la production des œufs est d'autant plus intéressante que la consommation, en France, va toujours en augmentant, et que les débouchés, pour l'exportation, sont de plus en plus nombreux. Jamais on ne produira trop d'œufs et on ne saurait redouter qu'un encombrement des marchés fît baisser les cours. De longtemps encore la production du pays ne suffira pas à sa consommation, et celle-ci fût-elle doublée qu'il serait encore nécessaire, tant l'œuf est considéré comme un aliment indispensable, de recourir à l'importation. D'un autre côté, la consommation de la volaille dans les villes augmentant sensiblement, le nombre des œufs retenus pour l'incubation est de plus en plus grand, et, avec la vulgarisation des méthodes d'élevage artificiel, la progression ne peut que s'accroître.

On n'aura donc jamais trop d'œufs à mettre en vente, et le profit à en tirer ne peut qu'augmenter. Le secret pour obtenir des poules le maximum d'œufs est de les tenir dans des conditions d'hygiène où elles puissent avoir le maximum de santé. Le chapitre Ier détermine ces conditions; le chapitre III indique la race à choisir.

Une poule pond en moyenne par an de cent vingt à cent quarante œufs, pesant de 60 à 65 grammes chacun. Avec les poules de deux ans, on dépasse souvent ces chiffres, mais ce n'est jamais qu'avec une race locale parfaitement entretenue.

En France, on aime les œufs blancs ; à l'étranger, on les préfère teintés, soit bruns, soit violacés, soit rosés. A la teinte de l'œuf il est facile de reconnaître l'origine de la poule. Toutes les races d'extrême Orient donnent des œufs bruns ou violacés; celles d'Occident, d'un blanc pur et généralement plus gros. La teinte rosée indique un croisement plus ou moins éloigné des deux.

Les principales races d'extrême Orient donnant la coloration la plus intense ont presque toutes la patte jaune et sont : Brahma, Cochinchinoises, Indiennes, Malaises, et leurs dérivés : Langsham, Orpington, Wyandottes, Plymouth Rock. Les Faverolles, produit de la poule de Houdan et du coq Brahma, ont des œufs plus ou moins teintés. Quantité de poules très connues et bonnes sont dans le même cas. Par contre, toutes les races françaises pures d'origine ont des œufs d'un beau blanc : cette particularité est à retenir pour la sélection, dont il est parlé au chapitre IV. Il peut arriver qu'une poule, conservée pour la reproduction, comme ayant tous les caractères de sa race, donne des œufs légèrement teintés. C'est une preuve qu'elle n'est pas absolument pure et qu'il y a eu, dans ses ascendants, un coq d'origine orientale. Elle ne convient pas pour fixer la race locale.

Œufs d'hiver. — L'hiver doublant le prix des œufs, il y a tout avantage à en produire à ce moment, mais, en général, la ponte est rare, souvent nulle. On recommande, dans ce but, les races orientales ; plus chargées de plumes, elles souffrent moins du froid, prétend-on, et elles se ressentent plus ou moins de l'influence du printemps, qui fleurit dans leur pays d'origine au moment où l'hiver sévit encore ici. Ce dicton n'est pas dénué de tout fondement ; cependant, avec les poules indigènes bien soignées, on peut obtenir le même résultat. Il convient, pour cela, de conserver des poulettes nées en mai-juin, qui se trouvent à l'entrée de l'hiver en pleine vigueur et prêtes à donner leurs premiers œufs. Leur ponte se prolongera jusqu'au moment où les poules de deux ans, remises de la mue, recommenceront à leur tour, si tous les soins prescrits pour l'hygiène et l'entretien ont bien été observés.

Fécondation. — Si l'on entretient des poules uniquement en vue de la production des œufs, la question de la fécondation est secondaire. Il n'est cependant pas bon de supprimer les coqs, dont l'absence ralentirait la ponte. Mais, si l'on vise la reproduction, le rôle des coqs a une tout autre importance. En principe, un coq de deux ans est préférable à celui d'un an. Ceci ne signifie pas qu'un coq d'un an soit impropre à la reproduction : on en a souvent d'excellents produits ; mais l'adulte lui est supérieur, surtout en ce sens que les poussins provenant de lui sont généralement plus vigoureux et s'élèvent plus facilement, et que la fécondation des œufs est plus régulière. On affirme, et cela paraît démontré par l'expérience, qu'il y a plus de poulettes que de coquelets dans les couvées provenant d'un vieux coq. Le nombre des coqs à donner aux poules varie suivant la quantité de ces dernières et suivant l'espace dont elles disposent.

En parquet étroit, six poules suffisent à un coq. Avec de l'espace, huit, dix, douze et même quinze en pleine liberté : et, même en cour close, les œufs de quinze poules seraient mieux fécondés avec un seul coq qu'avec deux, parce qu'il est rare que ceux-ci ne soient pas en lutte incessante, et ce au détriment des poules. Dans une cour de ferme, plus le nombre des poules sera grand, moins il y aura de coqs. Cinq ou six, rarement sept, pour cent poules, est une bonne proportion.

Quand ce sont des coqs d'une race à grande crête et à longs barbillons que l'on conserve seulement comme reproducteurs, sans avoir l'intention de les vendre comme tels ou de les envoyer dans une exposition, on en obtient le maximum de vigueur et de durée en leur coupant, dès l'âge de cinq ou six mois, la crête et les barbillons. Ils évitent ainsi tous les accidents consécutifs à la gelée pendant l'hiver, et souffrent beaucoup moins des suites des batailles qu'ils peuvent se livrer entre eux. Ils sont moins brillants d'aspect, c'est possible, mais, étant plus résistants, moins exposés à quantité de petits accidents, leur service est meilleur et plus régulier, et c'est là le point essentiel. On peut être assuré que leurs produits auront crêtes et barbillons aussi développés que l'avaient leurs ascendants. Cette opération de l'écrétage, très pratique pour faciliter l'élevage, n'est cependant nullement obligatoire.

En hiver, une des principales causes de non-fécondation des œufs est la neige : quand elle tombe avec persistance et quand la terre en est couverte, coqs et poules restent blottis sous leurs abris, comme engourdis et attristés. La semaine suivante, les rares œufs pondus sont souvent clairs. On ne peut guère compter sur une production régulière que huit jours après la disparition de la neige, car ce n'est pas à la veille d'être pondu que l'œuf reçoit sa fécondation, mais quand il tient encore à la grappe, c'est-à-dire huit ou dix jours auparavant.

VI. — Incubation.

COMMENT SE FAIT L'INCUBATION. — CAUSES DE NON-ÉCLOSION DES ŒUFS. — DURÉE DE L'INCUBATION. — MEILLEURES CONDITIONS POUR LES COUVÉES DE POULES. — COUVÉES PAR DES DINDES.

L'incubation ou mise en couvée est le moyen de transformer les œufs en poussins. L'opération se fait *naturelle-*

ment par les poules elles-mêmes et par les oiseaux de même nature, notamment les dindes, ou *artificiellement* par les incubateurs communément dénommés « couveuses ».

Que la couvée soit naturelle ou artificielle, les règles générales la régissant sont les mêmes. L'essentiel est d'avoir des œufs provenant de poules se trouvant dans toutes les conditions prescrites au chapitre de l'Hygiène et à celui de l'Œuf pour que la fécondation en soit normale.

Des œufs peuvent, en effet, être fécondés, mais si les poules qui les ont produits sont malades, anémiques, ou seulement privées de liberté, les embryons manquent de la vigueur suffisante pour arriver à leur parfait développement et meurent soit au cours de la couvée, soit au moment d'éclore; parfois même, les poussins éclosent et périssent au bout de quelques jours. Des œufs trop vieux ou conservés en un local à température trop élevée ou ayant voyagé, n'étant déjà plus frais, donnent, à peu près, les mêmes mauvais résultats. Ceux, au contraire, dus à des poules vigoureuses courant, avec leurs coqs, les champs ou les bois, mis, au plus tard dans la quinzaine, sous la couveuse, éclosent tous facilement et donnent des poussins qui s'élèvent sans difficulté.

L'influence de la lune sur les couvées est un préjugé sans valeur. L'influence de l'orage est plus effective, surtout dans les derniers jours; mais celle-ci n'est nullement conjurée par les morceaux de fer mis en croix sous les nids, paratonnerre trop élémentaire pour détourner l'effet de la foudre; si, parfois, après un orage, les poussins meurent dans la coquille, c'est par étouffement à la suite d'une surélévation excessive de la température.

Couvées par les poules. — Le meilleur guide pour la réussite des couvées est la nature. Si la poule était libre, elle ferait son nid au pied d'un arbre, dans un buisson, dans un champ, l'entourant seulement de quelques brins d'herbe sèche et déposant ses œufs presque sur le sol, en contact immédiat avec la fraîcheur de la terre. Elle se lèverait chaque jour une ou deux fois pour aller assez loin chercher sa nourriture et pour boire, et laisserait ses œufs à l'air libre. Sa couvée durerait exactement vingt et un jours.

Quand une poule a adopté d'elle-même, pour pondre, un endroit isolé où d'autres ne puissent aller la déranger, rien ne s'oppose à ce qu'on lui laisse ses œufs. Quand elle en aura environ douze ou quinze, même dix-sept, elle couvera d'elle-même et, sans que personne s'en occupe, elle amènera sa nichée dans les meilleures conditions.

Fig. 3. — Pondoir.

Les poules qui fréquentent, au poulailler, le pondoir commun (*fig.* 3) donnent beaucoup plus d'œufs, sans manifester l'intention de couver ; souvent même elles ne couvent pas, bien que leur ponte soit suspendue ; mais quand elles gardent le nid avec des gloussements significatifs, quand elles se laissent toucher et passer la main sous les ailes sans chercher à se sauver, c'est le moment de les installer sérieusement pour la couvée.

L'exemple de la poule couvant en liberté déterminera le choix du local et le mode d'installation : emplacement calme, isolé des autres poules, loin des bruits violents ou des trépidations vives, bien aéré, pas humide, à température moyenne et, autant que possible, avec sol en terre battue, non carrelé et non parqueté. Sur ce sol, un nid de paille, retenu par un léger cadre formé de quatre planchettes de 8 à 10 centimètres de hauteur, au centre du nid une poignée de foin fin pour soutenir les œufs. Rien ne s'oppose à ce que, dans une même pièce, plusieurs nids semblables, qui n'ont pas plus de 0m,50 de côté, soient alignés. Les poules, dans ce cas, ne s'occupent pas les unes des autres et savent très bien retourner chacune à son nid. A proximité, de l'eau renouvelée chaque jour et de l'avoine ou du sarrasin à discrétion. Dans toute la pièce, du sable sec pour permettre un nettoyage complet chaque matin, après que les poules se sont levées pour aller manger.

Le transfert d'une poule, du point de son poulailler où elle s'est fixée pour chercher à couver, à la salle d'incubation, exige quelques précautions, surtout s'il s'agit d'une bête habituée à la liberté, et un peu sauvage. Le soir est le moment le plus propice. On aborde la poule doucement, en la caressant un peu sur le dos, puis on lui passe la main gauche sous le ventre et on la soulève. On l'emporte ainsi, les pattes pendantes, la poitrine appuyée sur le creux de la main, et on la dépose sur son nouveau nid, dans lequel on a préalablement placé quelques œufs de verre ou de vieux œufs, appelés « nicheux » à la campagne. On la maintient par une légère pression sur le dos, jusqu'à ce qu'elle ne cherche plus à se lever, puis l'on place devant elle, sous son bec, trois ou quatre œufs de verre ou des nicheux. Si la poule est bien disposée à couver, au bout de deux ou trois minutes, elle attirera les œufs avec le dessous de son bec et les poussera sous elle en se soulevant légèrement pour se réinstaller définitivement dessus. Le lendemain matin, on échangera les nicheux contre les œufs destinés à la couvée.

Cette précaution de ne pas installer directement la poule sur les bons œufs évite bien souvent qu'une partie de ceux-ci ne soit cassée par une bête un peu brutale, sauvage ou dont l'ardeur à couver n'est pas encore définitive. A une poule de taille ordinaire, on donne treize ou quinze œufs, rarement dix-sept, le nombre impair considéré, non comme porte-bonheur, mais parce qu'il donne plus de facilité pour l'arrangement du nid.

Toutes les poules ne sont pas aussi bonnes couveuses et surtout aussi bonnes mères les unes que les autres; les meilleures sont les plus douces, les moins sauvages. En général, ce ne sont pas les poules de races françaises ; les cochinchinoises ou analogues et leurs dérivés possèdent plus particulièrement ces qualités.

Quand plusieurs poules ont été *accouvées* ensemble, ou même à vingt-quatre heures d'intervalle, comme rarement tous les œufs, sans exception, sont éclos, on choisit la meilleure d'entre elles pour lui confier les poussins de deux ou trois couvées. En été, une poule en conduit facilement vingt-cinq ou trente, et les soins sont simplifiés; les autres peuvent, au besoin, recommencer une couvée.

Couvées par les dindes. — Les poules ne couvant guère qu'au printemps, après leur ponte, même en été, ne satisfont que très rarement aux nécessités de l'élevage exigeant des poussins nés en janvier et février. On les remplace facilement par les couveuses artificielles; mais, comme celles-ci ne sont pas encore adoptées partout, que leur prix n'est pas à la portée des petites bourses, on y supplée par l'emploi de dindes, que l'on fait couver quand on veut et aussi longtemps que l'on veut. C'est, pour les campagnes, la couveuse mécanique à la portée de tous.

On prend la dinde au mois de décembre, de janvier ou de février, bien avant qu'elle ne soit prête à pondre et, suivant le terme consacré, on la *résout*. Pour obtenir cette résolution, on prend la poule-dinde et on l'enferme tout simplement, en un local isolé et sombre, dans une caisse ou dans un panier garni de paille presque jusqu'en haut, avec un couvercle ou une planche chargée d'un pavé, remplaçant le couvercle, ne lui permettant pas de se tenir debout et l'obligeant à rester accouvée.

Quelques personnes se croient obligées avant de les installer sur le nid de les martyriser un peu, en leur frottant la peau du ventre avec des orties et en leur faisant avaler un verre de vin sucré, pour les griser. Cela est tout à fait inutile, nuisible même. La simple claustration suffit.

Chaque matin on délivre la prisonnière pour lui permettre de manger et, au bout d'un quart d'heure, on la réintègre sous sa planche. Pendant les deux ou trois premiers jours, elle se tient courbée mais non couchée; à la fin elle s'aplatit et commence à ne plus se lever dès qu'elle n'est plus maintenue par la pression du couvercle. C'est le moment de mettre sous elle quelques vieux œufs ou plutôt quelques œufs de verre qu'elle ne pourra casser. Ceci fait, il n'y a plus qu'à attendre que l'inspiration vienne. Tant que la dinde gardera son allure sauvage ou sautera sur sa caisse sans faire attention aux œufs, elle ne sera pas prête à couver. Mais, dès qu'elle prendra des précautions pour se poser sur son nid, quand elle s'y installera, même y étant reconduite de force, en semblant craindre les mouvements brusques et en plaçant soigneusement ses pattes entre les œufs, c'est qu'elle sera disposée, c'est qu'elle sera tout à fait résoute et on pourra lui confier une couvée. Il n'est plus, dès lors, besoin de la maintenir enfermée, elle a pris son rôle au sérieux et y met autant d'ardeur que si elle opérait sur ses propres œufs. Alors commence, pour elle, son existence mécanique. Chaque matin on la lève pendant quinze ou vingt minutes, car, si on ne prenait ce soin, elle se laisserait mourir d'inanition, eût-elle eau et grain à portée de son bec.

Au bout de trois semaines, le dernier poussin est à peine éclos que de nouveaux œufs viennent garnir le nid. Ce sont tantôt des poussins, tantôt des canetons, tantôt des dindonneaux ou des faisandeaux qui éclosent, peu importe. Et cela dure quatre mois, parfois plus. A la fin, la dinde anémique, tout à fait exsangue, n'a plus la chaleur suffisante. Sa tâche est terminée. Et comme à la campagne on n'aime pas à entretenir les bouches inutiles, du couvoir la dinde passe au cabanon d'engraissement, où, au moyen d'un entonnoir, on lui ingurgite, deux fois par jour, de la pâtée de farine d'orge et de lait. En quinze jours, elle est remise à peu près en point, et termine sa carrière sur le marché voisin.

VII. — Incubation artificielle.

COUVEUSE ARTIFICIELLE A PRÉFÉRER. — COMMENT PRATIQUER L'INCUBATION ARTIFICIELLE. — PRÉCAUTIONS A PRENDRE. — COMMENT TRAITER LES ŒUFS DE CANE DONNÉS A L'INCUBATION.

L'incubation artificielle n'est que l'application effective des principes naturels, et la couveuse n'est, en somme, qu'une poule mécanique. Les causes de succès et d'insuccès sont les mêmes dans les deux cas. Un œuf non fécondé n'éclora pas plus sous une poule que dans une couveuse; de même un embryon manquant de vitalité n'arrivera pas plus à son complet développement d'un côté que de l'autre.

La meilleure couveuse artificielle est donc celle dont le système réunit le plus d'éléments semblables aux conditions dans lesquelles une poule couve ses œufs.

Il existe beaucoup de systèmes de couveuses (V. *pl.* I), reposant à peu près sur les mêmes principes et presque tous dérivés les uns des autres : les plus simples sont préférables. Les principales qualités à exiger d'une couveuse sont les suivantes : maintien de la température à un point moyen, surveillance facile du thermomètre, humidité constante et aération suffisante. L'exactitude absolue de la température maintenue au moyen de régulateurs, instruments toujours délicats et chers, est inutile. Et voici pourquoi : un thermomètre placé sous l'aile d'une dinde, appliqué exactement contre la peau, atteint 40 degrés centigrades; celle-ci étant seulement couchée dessus, il monte à 39° ; sur les bords du nid, sous le cou, à l'extrémité des ailes, il ne marque que

37° ou 38°. Or, par suite des mouvements que la bête fait sur son nid, soit en y entrant, soit seulement en le quittant, les œufs ne sont pas toujours à la même place, la poule a même soin de les déranger avec son bec ; ils occupent tantôt le centre du nid, tantôt la périphérie et sont par conséquent exposés, au cours de la couvée, à une température variant de 38° à 40°, parfois moins, mais *jamais plus*. D'où indication bien précise, pour une couveuse, d'atteindre 40° comme point maximum et de ne pas redouter, même au besoin de faciliter l'abaissement à 38° et à 37°.

Quand la poule revient à son nid après avoir mangé, les œufs sont presque froids, il y a interruption régulière de l'influence calorique, et l'éclosion ne s'opère pas moins au temps normal. Ceci implique la nécessité d'interrompre aussi régulièrement l'action de la couveuse, en laissant chaque jour refroidir les œufs pendant un laps de temps correspondant à celui que prend la poule pour son repas et pour son exercice.

Enfin, en couvée naturelle, les œufs reposent presque sur le sol frais et humide, et ne reçoivent de la chaleur que d'un côté. D'où indication, pour une couveuse, de chauffer dans les mêmes conditions et de ne pas suspendre les œufs dans une chambre chaude. La meilleure sera celle dont le fond pourra être garni de sable humide, et où la chaleur viendra du dessus.

Il existe trois modes principaux d'entretien de la chaleur dans les couveuses :

1° Le remplacement régulier, matin et soir, d'une partie de l'eau du réservoir par une égale quantité d'eau bouillante ;

2° Le maintien constant du degré par un thermo-siphon avec lampe au pétrole ou au gaz (*fig. 4*) ;

3° Le chauffage direct de l'air, au moyen d'une lampe.

Les deux premiers, de beaucoup les plus usités, et les meilleurs, produisent exactement le même résultat, et l'adoption de l'un ou de l'autre système n'est qu'une question de convenance personnelle, suivant que l'on peut facilement et économiquement avoir de l'eau bouillante à sa disposition, ou que l'entretien d'une lampe à pétrole cause moins d'embarras.

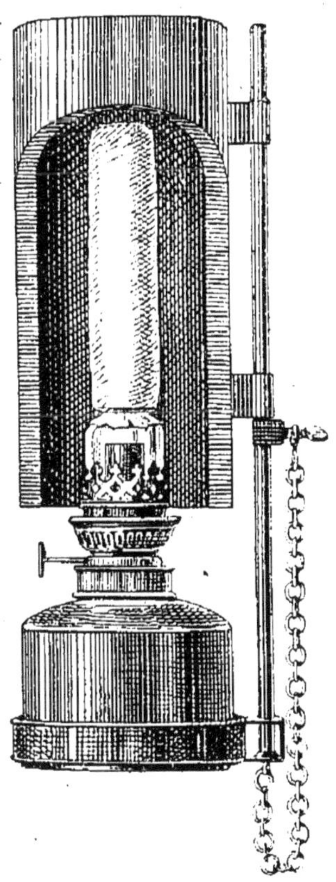

Fig. 4. — Lampe et thermo-siphon.

Là où l'on dispose du gaz, il n'y a pas à hésiter à l'employer; c'est le dernier mot de la simplicité. Quel que soit le système adopté, et chaque système a, pour sa conduite, des instructions précises et détaillées, les grandes règles de l'incubation artificielle sont les suivantes :

1° Choisir des œufs provenant de poules aussi bien portantes et aussi vigoureuses que possible;

2° Installer la couveuse dans un local à température peu variable où il ne fasse pas très chaud pendant le jour et frais la nuit, éloigné d'une rue pavée, d'une forge, ou d'une machine à trépidations violentes;

3° Si les œufs ont voyagé, veiller à ce qu'ils aient été expédiés très frais, dans la huitaine de la ponte, si possible, et qu'ils n'aient pas été emballés dans du son : le son, par son principe gras, obture les pores de la coquille et empêche la respiration de l'embryon. Ne pas les laver s'ils sont propres, mais, s'ils sont sales, ou s'ils ont été emballés dans la sciure de bois, les passer, au moyen d'un panier d'osier ou de fil de fer, dans de l'eau à 30° ou 35° et les essuyer légèrement, sans les secouer;

4° Maintenir la même température pendant toute la couvée, et atteindre, au moins pendant trois ou quatre heures, 40 degrés centigrades, en évitant de dépasser ce point. Le reste du temps, le thermomètre peut descendre à 39°, 38° et même 37°, vers la fin de la journée. En principe, une température inférieure à 40° est toujours préférable à la supérieure. Cela ne signifie cependant pas qu' une couvée est compromise parce que le thermomètre a dépassé 40°. Il peut aller à 41° et 42° pendant une journée, à 43° et 44° pendant quelques heures et même au-dessus, s'il n'y reste pas longtemps; de même qu'il peut descendre à 35° et au-dessous : tous ces écarts de température ne sont pas dangereux s'ils ne se prolongent pas trop longtemps, mais la réglementation idéale est d'atteindre 40° sans les dépasser;

5° Laisser refroidir les œufs à l'air libre hors de la couveuse, matin et soir, et les retourner. Déterminer la durée du refroidissement est difficile, celle-ci variant suivant la température extérieure et suivant le degré d'incubation. L'œuf refroidit beaucoup plus vite au début de la couvée qu'à la fin. Ne remettre les œufs dans la couveuse qu'au moment où, en appliquant dessus le revers de la main, ceux-ci ne donnent plus de sensation de chaleur, sans cependant donner une sensation de froid;

6° Maintenir humide, au moyen d'un peu d'eau versée au moment où les œufs sont dehors, le sable qui garnit le fond de la couveuse ou les récipients qui le remplacent, selon les systèmes. Éviter l'humidité donnée au moyen d'éponges suspendues : l'évaporation est trop forte et, par ce fait, nuisible.

Tous les œufs couvent dans les mêmes conditions. On a prétendu que, pour les œufs de cane, 38° suffisaient et que 40° sont excessifs. Ce n'est pas précisément juste. L'œuf de cane, en effet, redoute encore plus que celui de la poule l'excès de la chaleur, et, pour lui, il est encore plus important de ne pas dépasser 40°. L'œuf de cane redoute aussi les secousses du voyage, et toute couvée composée d'œufs très frais, pondus sur place, donnera de bons résultats.

VIII. — Mirage des œufs.

BUT DU MIRAGE DES ŒUFS. — COMMENT LE PRATIQUER. — MIRAGE A LA MAIN. — OVOSCOPE. — MEILLEUR MOMENT POUR LE MIRAGE.

Le mirage a pour but d'enlever de la couveuse tous les œufs non fécondés, qui non seulement tiennent une place inutile, mais qui au bout de ving et un jours seraient généralement gâtés et impropres à tout usage. En supprimant ceux-ci au bout de quatre ou cinq jours d'incubation, ils sont encore bons pour la consommation, sinon à la coque, du moins en omelette et surtout pour la pâtisserie et, à plus forte raison, pour la nourriture des poussins.

En hiver, quand on trouve jusqu'à 50 et 60 pour 100, parfois plus, d'œufs non fécondés, l'opération a son importance.

Le mot « mirage » signifie l'action de regarder à l'intérieur de l'œuf pour se rendre compte de ce qui s'y trouve. La coquille est, en effet, suffisamment transparente pour que, étant dans l'obscurité et en la plaçant devant un foyer de lumière vive, on puisse voir au travers.

Le mirage se fait de deux façons : à la main; c'est le mode le plus simple et le plus expéditif, en opérant le soir à la lumière d'une bougie, ou plutôt d'une lampe avec verre sans abat-jour. On tient l'œuf de la main droite, par le petit bout, et on l'approche le plus possible de la flamme en recouvrant le gros bout et un peu les côtés de la main gauche, et on le fait légèrement tourner avec les doigts de la main droite.

On opère aussi avec un *ovoscope* (*fig.* 5), petit instrument très simple dans lequel la main droite est remplacée par un coquetier, et la gauche par une sorte d'écran formé de métal et de drap s'appliquant exactement sur la coquille et ne laissant pas passer la lumière sur l'œil de l'opérateur, de sorte que celle-ci est tout entière concentrée sur l'œuf, qui devient absolument transparent.

Un expert ne songe pas à se servir de l'ovoscope, trouvant ses mains suffisantes, mais un débutant a grand avantage à l'employer. Le mirage pourrait se faire dès le troisième ou quatrième jour, mais il est préférable, quand on n'y est pas très habitué, d'attendre le cinquième jour : c'est le moment le plus favorable. Avant de commencer l'opération, il convient d'observer ce principe que l'embryon, flottant dans la masse liquide, est toujours attiré par la chaleur et que, par conséquent, il se trouve rapproché du point où la coquille est le plus chauffée. Or, la chaleur venant du haut, c'est sur le dessus qu'il se trouve. En prenant l'œuf sans le déranger et en le posant de même sur les doigts ou dans l'ovoscope, le germe est immédiatement devant l'œil du mireur. En cas de fécondation, on perçoit très nettement, flottant au centre du liquide, comme une sorte d'araignée rouge, dont le corps est l'embryon du poussin, et dont les pattes sont les vaisseaux sanguins, qui vont petit à petit s'étendre et tapisser toute la coquille.

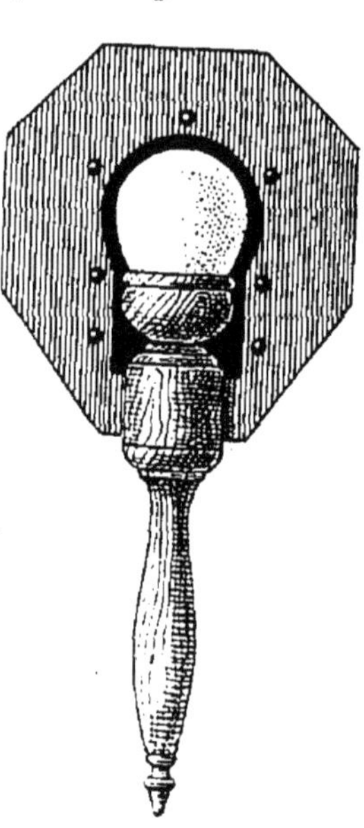

Fig. 5. — Ovoscope.

Si l'œuf est clair, ou non fécondé, on n'y voit absolument rien qu'une légère ombre flottant au centre : c'est le jaune. Parfois on distingue un petit point noirâtre, parfois un grand rond rouge, parfois l'araignée toute petite presque sans pattes : c'est ce qu'on appelle communément des faux germes. Ce sont des embryons incomplets, n'ayant pas une vitalité suffisante pour se développer et qui sont morts épuisés après deux ou trois jours de fécondation.

Le mirage se fait aussi bien pour les œufs couvés par des poules ou par des dindes que pour ceux placés dans les couveuses.

IX. — Éclosion : sous les poules; — sous les dindes; — dans la couveuse.

SOINS A DONNER A LA POULE COUVEUSE AU MOMENT DE L'ÉCLOSION. — PRÉCAUTIONS A PRENDRE DANS LE CAS D'UNE DINDE COUVEUSE. — TEMPÉRATURE DE LA COUVEUSE AU MOMENT DE L'ÉCLOSION.

Sous la poule. — Rien à faire et laisser opérer la nature. Dès que l'éclosion commence, la poule ne quitte plus son nid pendant vingt-quatre heures et semble y être comme attachée. Si l'on veut se rendre compte de ce qui se passe, la soulever en lui glissant doucement la main sous le ventre, la poser à terre à côté du nid, retirer vivement les coquilles vides, et la laisser remonter elle-même, ce qu'elle s'empresse de faire sans même songer à manger, aussitôt qu'elle en a la liberté. Dès que l'éclosion est terminée, le premier soin à prendre est de supprimer le nid en posant la poule à terre et en mettant tous les poussins autour d'elle; ils ont vite fait de se fourrer eux-mêmes dessous. Si on laissait le nid, les poussins ne manqueraient pas de descendre, mais ils ne pourraient remonter et mourraient de froid à côté de la poule impuissante à les secourir.

S'il y a d'autres poules dans la salle d'incubation, on profite de ce premier déplacement pour installer la nichée à l'endroit où elle devra séjourner.

Sous la dinde. — La dinde accouvée de force, étant plutôt une machine qu'une mère, n'a pas toujours la même délicatesse qu'une poule au moment de l'éclosion. Il arrive souvent qu'elle s'agite en sentant remuer des poussins sous elle et qu'elle en écrase. Il est prudent de visiter son nid trois ou quatre fois dans la journée et de retirer les petits au fur et à mesure qu'ils sont sortis de la coquille, et de les tenir au chaud, soit dans une *sécheuse*, soit dans un petit panier recouvert d'un édredon de duvet avec, au fond, une bouteille d'eau chaude. L'éclosion terminée, rien n'empêche de rendre tous les poussins à la dinde, mais hors du nid et sur le sol. En les voyant autour d'elle, l'instinct maternel lui revient peu à peu ; elle commence par les attirer sous elle avec son bec, se soulève et ne se remue qu'avec la plus grande précaution pour ne pas les écraser.

Une dinde abrite et conduit jusqu'à cent poussins à la fois avec la plus grande sollicitude et la plus parfaite vigilance.

Dans la couveuse. — Le vingt et unième jour, en sortant les œufs de la couveuse, on constate, sur quelques-uns, un petit éclat à peine perceptible ; c'est le commencement de l'éclosion. Suivant le terme consacré, l'œuf est *béché*. Ce jour-là il n'y a pas lieu de retourner les œufs mécaniquement, ni de les laisser longtemps refroidir. Il est mieux de les retourner successivement à la main, s'il y a un point béché de le mettre en dessus et, aussitôt la vérification faite, de les rentrer.

Le soir, même opération pour placer les points béchés en dessus, mais avec encore plus de rapidité pour éviter le refroidissement, car l'éclosion est alors en pleine activité et un abaissement trop prolongé de température arrêterait son élan. Rien à faire pendant la nuit, si ce n'est de prendre ses dispositions pour que le thermomètre reste le plus possible au point de 40° et ne le dépasse pas.

Le lendemain matin, on ramasse tous les poussins, dont le duvet est sec, ou à peu près, et on les met dans la sécheuse préalablement chauffée, ou bien, si l'on ne doit pas les élever artificiellement, on les porte directement sous une dinde qui les attend sa couvée faite. On enlève ensuite vivement toutes les coquilles, et on ne laisse dans la couveuse que les nouveau-nés encore tout humides et les œufs bêchés. Le soir, semblables soins, les derniers cette fois, car tous les œufs qui, à ce moment, sont encore intacts, n'écloront probablement pas.

Dès le lendemain, la couveuse nettoyée, le sable changé, on pourra recommencer une couvée.

X. — Après l'éclosion.

COMMENT SE COMPORTE LA POULE COUVEUSE AU MOMENT DE L'ÉCLOSION. — QUAND LES POUSSINS COMMENCENT-ILS A MANGER? — COMMENT SE COMPORTE UNE DINDE. — COMMENT TRAITER LES POUSSINS ÉCLOS ARTIFICIELLEMENT. — SÉCHEUSE. — CONSÉQUENCE D'UNE DISTRIBUTION TROP HATIVE DE NOURRITURE.

Après l'éclosion, comme avant, s'il s'agit de poule, il n'y a guère à intervenir. La poule, quand ses poussins sont éclos, continue, même libre, à les couver comme des œufs, pendant plusieurs heures, sans leur donner d'air et sans leur faire faire un mouvement. Au bout de quelque temps, généralement six ou huit heures, elle se lève, cherche à manger, va et vient en tous sens, et oblige sa nichée à la suivre, à se remuer, à se donner de l'exercice; les poussins esquissent bien, de-ci de-là, quelques coups de bec, mais ils ne ramassent rien, et bientôt, sentant le froid, se mettent à piauler. La poule aussitôt s'accouve, glousse, écarte les ailes et tous reprennent leur place sous les plumes, témoignant par une sorte de ténu gazouillement leur satisfaction. Le même manège se renouvelle douze ou quinze fois dans la même journée, et c'est seulement le lendemain que la poule se met à gratter pour découvrir quelques larves ou quelques menus grains que les poussins commencent à ramasser. En captivité, ces menus grains se composent de mie de pain rassis émiettée finement sur le dos des poussins, et qui sert plutôt d'exercice que de nourriture. Ce n'est que le deuxième jour que l'alimentation devient sérieuse et nécessaire.

Avec la dinde, moins sensible à la transition de ses fonctions de couveuse à celles de mère, les poussins resteraient trop longtemps emprisonnés sous ses ailes, si, pendant les premiers jours, on ne les forçait souvent à sortir. L'exemple donné, dans ce cas, par la poule, est le meilleur à suivre.

Avec l'élevage artificiel, c'est encore la nature qui sert de guide : si les poussins ont été mis le soir dans la sécheuse, il convient de les laisser toute la nuit tranquilles, pourvu qu'ils n'y aient pas trop chaud, et, s'ils y ont été mis le matin, de n'y pas toucher pendant cinq ou six heures. Puis, après, toutes les heures environ, lever l'édredon et les prendre par poignées, une dizaine à la fois, avec les deux mains, et les déposer à terre sur du sable bien propre. Là, ils prennent les allures les plus bizarres : les uns déplient les ailes comme pour s'envoler, et tombent tout simplement à la renverse ; d'autres piquent des pointes et partent à toute vitesse, pour s'arrêter net à quelques centimètres du point de départ; l'un croit découvrir un grain de mil dans l'œil de son voisin et l'assaille à coups de bec, l'autre s'acharne sur un petit caillou, bref, tous se remuent et s'agitent de façons diverses. Au bout de quelques instants un petit cri strident se fait entendre, bientôt suivi d'un et de plusieurs autres ; une minute après, le concert est assourdissant. C'est le froid qui se fait sentir. Il n'est que temps, à poignées encore, de réintégrer la sécheuse, pour retrouver sous l'édredon la douce température.

L'opération se recommence d'heure en heure jusqu'au soir. A la troisième ou quatrième promenade, on peut émietter un peu de pain rassis qui tombe autant à terre que sur les poussins. Ils s'exercent à prendre des miettes minuscules plutôt qu'ils n'en avalent. En tout cas, ce qu'ils absorbent est si fin que cela ne peut être nuisible ; ce n'est que le lendemain qu'ils commencent à manger sérieusement.

La récréation donnée d'heure en heure n'a pas pour but de provoquer l'alimentation, mais tout au contraire de favoriser la digestion et d'activer les fonctions de l'intestin par le mouvement, l'exercice et la transition de température. L'effet produit est d'ailleurs facile à vérifier; si on laissait cinquante poussins couchés dans une sécheuse sur un linge blanc, pendant les douze premières heures, on le retrouverait à peine maculé. Si, au contraire, on les sort d'heure en heure, en les déposant sur un même linge, celui-ci ne pourra servir deux fois de suite. Inutile d'insister sur la conclusion de l'expérience : il en ressort ceci avec évidence, c'est que si beaucoup de poussins meurent au bout de six ou huit jours, avec une entérite bien caractérisée, cela provient surtout d'un mauvais régime appliqué à leur première journée.

XI. — Mère poule; mère dinde; — mère artificielle ou éleveuse.

DISPOSITIONS A PRENDRE POUR ENTRETENIR PLUSIEURS POULES OU DINDES AVEC LEURS POUSSINS. — DÉFAUTS A ÉVITER AVEC LES ÉLEVEUSES OU MÈRES ARTIFICIELLES. — MEILLEURS SYSTÈMES D'ÉLEVEUSES. — NOMBRE DE POUSSINS D'UNE MÈRE ÉLEVEUSE. — TEMPÉRATURE. — SOINS A DONNER AUX MÈRES ARTIFICIELLES.

Trois jours après l'éclosion, les poussins commencent à avoir besoin d'espace, d'exercice et de grand air. Si l'on n'a qu'une poule avec sa couvée (*fig.* 6), rien de mieux que la laisser libre, là où il n'y aura pas à redouter les rats, les chats ou les oiseaux de proie; elle saura bien elle-même promener ses petits sans les fatiguer et les couvrir de ses ailes quand ce sera nécessaire. Mais quand plusieurs poules se trouvent ensemble, les batailles sont toujours à craindre

— batailles dans lesquelles les poussins reçoivent tous les coups — et la boîte à élevage s'impose. C'est une petite cabane à trois côtés pleins et à devant grillagé avec porte à coulisse pouvant clore complètement pour la nuit. La poule y reste renfermée et les poussins sortent à leur guise, rentrant à la moindre alerte ou à la moindre sensation de froid, assurés qu'ils sont de trouver abri et chaleur sous la

Fig. 6. — Mère poule et ses poussins.

poule qui reste presque toujours accouvée. Celle-ci peut facilement passer la tête à travers des barreaux pour trouver l'eau et le grain placés à sa portée. La boîte est sans fond et changée de place tous les jours pour éviter les nettoyages.

La dinde se prête moins volontiers à la séquestration en boîte à élevage. Elle y écrase souvent les poussins. Il est aussi moins facile de la laisser libre, parce que souvent elle marche trop longtemps sans s'accouver. Le mieux est de l'attacher par une patte au pied d'un arbre avec une forte ficelle de 2 ou 3 mètres de long, en ayant soin que la ficelle ne soit pas serrée pour pouvoir tourner autour de l'arbre sans s'y enrouler. Une dinde prend ainsi facilement soin d'une centaine de poussins, les surveille et les protège avec une admirable sollicitude. Le soir on la détache et on pousse doucement devant soi toute la nichée jusqu'au bâtiment le plus proche où elle devra passer la nuit.

En élevage artificiel, la *mère* entre en service après un séjour des poussins dans la sécheuse, de trente-six ou quarante-huit heures au plus. Presque tous les systèmes d'éleveuses sont bons, sauf ceux dont le chauffage vient du dessous, et où les poussins reposent l'abdomen appliqué sur une surface chaude. C'est là un principe contraire à la nature, où le poussin repose sur le sol frais et reçoit la chaleur de la poule seulement sur le dos. Mauvais aussi sont les systèmes où la lampe déverse directement et apporte, comme atmosphère respirable, l'acide carbonique, produit de sa combustion.

Les meilleures éleveuses sont celles à eau chaude renouvelée tous les matins ou bien entretenue par un thermosiphon à lampe ou à briquette, et, de toutes, celles qui présentent le plus d'avantages sont celles qui, tout en métal, sont connues sous le nom de *mères à lampe* (V. *pl.* II).

La mère à lampe contient à la fois nid chaud et promenoir; elle ne renferme aucun réservoir d'eau. Sa pièce principale, la poule en quelque sorte donnant la chaleur entre ses ailes et ses pattes, est une plaque de cuivre supportée par un certain nombre de piliers dont le point central est en contact avec le sommet du verre d'une lampe, dissimulée dans une petite galerie inférieure. En cas de fumée, celle-ci s'échappe au dehors. Par conductibilité, toute la plaque et tous les piliers s'échauffent également et les poussins n'ont qu'à s'appuyer contre l'un d'eux pour avoir l'illusion d'être serrés contre une aile chaude. Cette éleveuse peut à juste titre s'appeler mère, car bien qu'inanimée elle permet d'élever plus facilement et plus sûrement qu'avec les dindes ou les meilleures poules.

Ces mères ont le grand avantage de pouvoir rester jour et nuit dehors sans aucun abri et par tous les temps.

Quel que soit le système adopté, il est préférable d'avoir plusieurs éleveuses de moyenne grandeur plutôt qu'une trop grande; on évite ainsi les innombrables inconvénients des agglomérations. Sous les mères, pas de thermomètres : les poussins n'ont pas en effet besoin d'une chaleur régulière, mais seulement d'un endroit où ils puissent se réchauffer le plus vivement possible dès que le froid les prend. En vertu de ce principe, la conduite d'une éleveuse à eau chaude est des plus simples : le matin, on remplit complètement le réservoir d'eau bouillante et on laisse les portes grandes ouvertes; chacun va, vient librement dessous et sort à son gré pendant toute la journée, assuré d'y trouver une douce chaleur, la construction même de l'éleveuse conservant l'eau chaude pendant très longtemps. Vers le soir, la température baisse sensiblement, mais les poussins se trouvant tous réunis, les portes fermées, dégagent assez de chaleur par eux-mêmes pour avoir suffisamment chaud toute la nuit.

Dès le matin, au moment du premier repas, on remplace l'eau refroidie par de l'eau bouillante et on procède au nettoyage du plateau de bois formant le fond de l'éleveuse, en le grattant et en le lavant à grande eau, puis en le recouvrant de sable sec.

L'éleveuse à eau, construite en bois, ne peut rester dehors que sous un hangar ou sous une sorte de châssis vitré portatif auquel on adjoint un parc promenoir.

Ce parc s'établit facilement au moyen de quelques panneaux mobiles, petits châssis de bois recouverts de grillage et munis de pitons sur les côtés que l'on assemble l'un à l'autre au moyen d'une tringle en fil de fer pour former une sorte de garde-fou.

XII. — Alimentation et hygiène des poussins.

INDICATIONS POUR LA NOURRITURE DES POUSSINS. — COMMENT DISTRIBUER LA PATÉE. — COMMENT DONNER LA BOISSON. — EXERCICE ET GRAND AIR. — LOGEMENT ET PERCHOIRS. — RÉGIME DES POULETS DESTINÉS A LA CONSOMMATION. — RÉGIME DES POULETS DESTINÉS A LA REPRODUCTION.

Vouloir donner une formule précise pour l'alimentation des poussins serait une prétention exagérée. Autant de pays, autant de méthodes, généralement bonnes et aboutissant par des voies différentes au même résultat. C'est surtout du mode d'application des méthodes, du soin, du tact et de l'envie de bien faire, que dépend le succès.

Que l'élevage soit naturel ou artificiel, les prescriptions sont les mêmes. Voici un régime que l'on peut appliquer partout.

Nourriture. — Pour les premiers repas, mie de pain rassis ou chapelure triturée avec salade et œuf dur hachés. Dès le deuxième jour, en supplément, du *lait caillé cuit* (1) quatre fois par jour en petite quantité. Puis tout le temps, et à discrétion, comme base de nourriture, une pâtée très épaisse de farine d'orge non blutée, pure ou de préférence mélangée avec un quart de farine de maïs blutée. Cette pâtée sera faite plusieurs fois par jour afin qu'elle ne puisse sûrir, et délayée avec du lait pur ou avec du petit-lait *bien frais* ou, à la rigueur, tout simplement avec de l'eau. L'emploi du petit-lait sûr ou seulement commençant à sûrir est des plus dangereux.

Il est essentiel que cette pâtée soit très épaisse pour ne pas former colle et qu'elle soit distribuée sur des blocs de

(1) La formule pour la confection du lait caillé cuit sera donnée un peu plus loin.

bois ou de pierre, dénommés *billots* (*fig.* 7), que les poussins ne peuvent piétiner et sur lesquels, jusqu'à la dernière miette, elle reste fraîche et propre.

Boisson. — Dès que les poussins mangent, ils peuvent boire; mais il importe de veiller à ce que l'eau mise à leur disposition ne soit pas trop fraîche, qu'elle ne sorte pas d'un puits ou d'une source dont la température serait inférieure à celle de la pièce habitée par eux et aussi que cette eau ne soit pas offerte dans un récipient où ils puissent mettre les pattes. Le mieux est d'employer les bacs siphoïdes en verre et en zinc, où l'eau ne se présente que par un orifice très étroit et où celle-ci reste propre jusqu'à la dernière goutte.

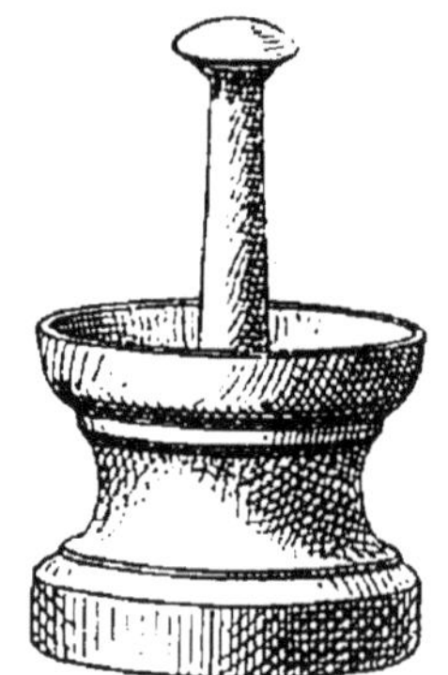
Fig. 7. — Billot.

Par les grandes chaleurs, si l'on remarque que les poussins ont tendance à trop boire, on peut additionner l'eau de quelques gouttes de café, juste assez pour la colorer. Il y a quelquefois lieu de supprimer complètement l'eau momentanément : c'est quand les poussins ont par hasard eu trop chaud la nuit et qu'on les voit le matin, aussitôt la porte de l'éleveuse ouverte, se précipiter sur le bac et boire à satiété sans paraître pouvoir étancher leur soif. Remplacer, dans ce cas, pendant quelques heures, l'eau pure par du lait tiède est d'un bon effet.

Habitat. Exercice. Alimentation. — Dès que les poussins ont quatre ou cinq jours, il importe de ne pas les laisser renfermés dans une pièce quelconque et de les mettre en contact avec le sol et le grand air, sur la prairie si possible, mais jamais dans la rosée. Si le temps est froid ou s'il pleut, on les mettra sous un hangar et l'on profitera de la moindre éclaircie pour prolonger leur parc au dehors, ne fût-ce que quelques instants dans la journée. De même, si, l'hiver, on les tient dans une étable ou dans une pièce chauffée, on fera en sorte qu'ils puissent profiter du moindre moment de beau temps pour sortir et prendre l'air, sinon le rachitisme arrive et décime tout à bref délai.

Au bout de huit ou dix jours, surtout par le beau temps, quand les poussins ont libre parcours dans la prairie, on peut tout doucement supprimer la pâtée de mie de pain et d'œuf ; en hiver, il vaut mieux la maintenir un peu plus longtemps et la remplacer par quelques grains de millet, blanc de préférence, mais en petite quantité. L'usage du lait caillé cuit se prolonge facilement jusqu'à trois semaines, et souvent jusqu'à cinq ou six. C'est d'ailleurs un aliment dont le prix de revient est peu élevé et dont la confection est facile.

Voici la recette : laisser du lait cailler spontanément ou le précipiter avec un peu de présure. Faire bouillir la caillebotte dans une casserole, une poêle, ou plutôt un poêlon en terre, puis verser sur une passoire et briser les gros morceaux avec une fourchette, de façon que le tout soit à peu près réduit à la grosseur de grains de riz. Étendre ensuite sur un torchon pour faire disparaître toute humidité. Préparer le lait caillé chaque jour pour l'avoir toujours frais. Il ne serait plus appétissant et de plus serait malsain s'il avait subi le moindre commencement de fermentation.

Hygiène. — Si importante que soit la question d'alimentation, celle-ci passe cependant après l'hygiène. Il meurt beaucoup plus de poussins par défaut de précautions que par mauvaise nourriture : les courants d'air, l'humidité, les coups de soleil, les excès de chaleur sont pernicieux. Rien n'est plus dangereux qu'un parc exposé en plein soleil. Quand les poussins sont en liberté, l'instinct de la conservation et le besoin de mouvement les empêchent d'y rester; mais, s'ils sont enfermés, leur plus grande satisfaction est de s'exposer aux rayons les plus ardents et de s'endormir. Ils en meurent la plupart du temps. De là, nécessité de garantir complètement, soit par l'ombre d'un arbre, soit par des abris mobiles, les parcs à poussins contre l'ardeur du soleil.

Excès de chaleur. — Un des points les plus délicats de l'élevage, depuis le premier jusqu'au dernier jour, est d'éviter les excès de chaleur. En grandissant, les poussins dégagent chaque jour une chaleur propre plus forte et consomment une quantité d'air respirable plus grande. Là où ils étaient à l'aise avec une température convenable, ils sont huit jours plus tard à l'étroit et ont trop chaud; et chaque semaine, cette progression se fait sentir. De cet excès de chaleur, de cette consommation d'air raréfié et par conséquent irrespirable, découlent quantité d'accidents et de maladies, tels que l'entérite, la goutte, le coryza, la diphtérie, l'anémie, la pullulation excessive de la vermine, bref, toutes causes par lesquelles les couvées sont ordinairement décimées, sans cause apparente.

Il est assez difficile de donner une règle de conduite pour obvier à ces inconvénients. C'est à l'éleveur à avoir assez de tact pour prévoir ce qui doit fatalement arriver et à prendre les précautions nécessaires, en ne perdant jamais de vue que de l'excès de chaleur, aussi bien pour les tout petits que pour les plus grands et pour les adultes, découlent tous les maux et tous les accidents possibles.

Perchoirs. — Suivant un préjugé généralement répandu, les poulets ne devraient se percher que le plus tard possible, quand ils sont à peu près adultes. Le perchoir serait la cause de ces déformations si souvent constatées sur l'estomac des poulets. Les creux, les déviations des sternums ne seraient que l'empreinte des perchoirs ronds et étroits.

Pour éviter ce mal imaginaire, on fait coucher les poulets, dès qu'ils ont cessé de s'abriter sous leur mère — naturelle ou artificielle — dans des cabanons bien clos et pas trop grands pour qu'ils n'aient pas froid, sur un sol généralement frais et pas toujours propre. Là, une bande de cinquante ou cent poulets, entassés les uns contre les autres, se serrant autant qu'il leur est possible de le faire, prennent un vingtième à peine de l'espace qu'ils devraient occuper s'ils étaient sur des perchoirs; ils dégagent une température excessive et contractent par suite toutes les maladies possibles. Ils deviennent surtout anémiques et leurs estomacs se déforment beaucoup plus qu'au contact des perchoirs. Cette habitude de faire coucher les poulets à terre comme des quadrupèdes est déplorable. Tous les oiseaux se perchent au sortir du nid et n'ont pas le sternum déformé, de même les faisandeaux dans les bois dorment sur des branchettes pouvant à peine supporter leur poids; les jeunes paons, qui, à l'âge de quelques jours, sont enlevés sur le dos de leur mère à la cime des arbres, dorment contre son aile, perchés sur la branche. Il n'y a aucune raison pour que le poulet n'en fasse autant. Évidemment un perchoir rond trop étroit, l'obligeant à crisper les doigts pour s'y maintenir en équilibre, est défectueux; mais un demi-rond, de diamètre suffisant pour que la patte y soit bien appuyée et s'y applique sans effort, est non seulement acceptable, mais indispensable. Avec de tels perchoirs, placés dans un local suffisamment spacieux, à l'abri des courants d'air, mais largement aéré, tel qu'un hangar clos de trois côtés par exemple, ou une remise dont tout le devant serait clos par un grillage, les poulets se développeront normalement et sans accidents.

Après le premier âge. — Quand les poussins ont atteint six semaines ou deux mois, il y a lieu de savoir s'ils sont destinés à la consommation ou à la reproduction. Le régime, suivant le cas, est légèrement à modifier.

En vue de la consommation et, par conséquent, de la mise

à l'engraissement à l'âge de trois mois ou trois mois et demi, quatre mois au plus suivant la saison, l'alimentation à la pâtée de farine d'orge, de sarrasin ou de maïs restera la même, avec libre parcours au pré ou au bois.

Pour des reproducteurs, on diminuera graduellement la pâtée jusqu'à en cesser complètement l'usage, pour la remplacer par du grain, avoine ou sarrasin, et toujours avec le maximum de liberté.

Dès que les coquelets commenceront à s'essayer à chanter, on les parquera tous ensemble dans un vaste enclos, et toutes les poulettes resteront en pleine liberté. Il est déjà possible à ce moment de faire, parmi les coquelets, une première sélection et de réduire leur nombre en envoyant à l'engraissement ou directement au marché tous ceux qui présentent quelques défauts de plumage ou de forme.

XIII. — La Pintade.

AVANTAGES DE L'ÉLEVAGE DES PINTADES. — COMMENT DISTINGUER LE MALE DE LA FEMELLE. — ÉLEVAGE DES PINTADEAUX. — COMMENT SE VENDENT LES PINTADES.

Dans toute basse-cour un peu vaste communiquant avec la prairie, il est intéressant d'entretenir quelques pintades. C'est un bon appoint pour la fin de l'hiver et un rendement certain avec peu de peine et de dépense.

La pintade s'élève quand la saison des poulets est terminée, en juillet, août, et même en septembre. Quand l'arrière-saison n'est pas très froide, celles nées en octobre s'élèvent encore bien.

Comme la pintade aime à cacher ses œufs, elle parvient souvent à dissimuler son nid et couve elle-même. Dans ce cas, elle amène toute sa nichée, qu'elle soigne avec grande diligence. Quand elle jouit d'un peu de liberté, presque tous ses œufs sont fécondés. On donne en moyenne cinq femelles à un mâle. Il n'est pas toujours facile de distinguer, à première vue, le mâle des femelles, le plumage étant absolument identique. Cependant, chez le mâle, le casque ou corne droite sur la tête est un peu plus fort et les barbillons sont plus développés et de forme convexe, tandis qu'ils sont plus courts et plats chez la femelle.

La pintade peut pondre une soixantaine d'œufs par an. Ces œufs sont assez petits, à coquille très dure, de nuance brune ou violacée et comme parsemés de sable fin. Ils supportent bien le voyage et peuvent se conserver un peu plus longtemps que les œufs de poule avant d'être mis en incubation. Les couvées d'œufs de pintade, dans les couveuses artificielles, réussissent admirablement, de même l'élevage des pintadeaux dans les éleveuses. La durée de l'incubation est de vingt-six jours.

Rien n'est plus gentil et vif que des pintadeaux venant d'éclore, avec leur gros bec rosé, de grands yeux brillants et leur couleur formée de bandes grises et marron.

Au moment de l'éclosion, on donne aux pintadeaux mêmes soins et même régime qu'aux poussins, et on les laisse encore plus tôt, si possible, courir au pré ou au bois voisin, où ils trouveront des insectes, dont ils sont friands. Quand on peut leur donner des œufs de fourmi, ils ne s'en portent que mieux. On prolonge moins longtemps que pour les poulets l'usage des pâtées, qu'on remplace par millet, petit blé, sarrasin.

La pintade se vend dès novembre sur les marchés, sans être engraissée comme le poulet, à des prix variant de 4 francs à 5 francs pièce. La meilleure saison de vente est le commencement de février, aussitôt après la fermeture de la chasse. Elle prend la place des faisans, qu'elle remplace très honorablement.

En raison de leur instinct un peu sauvage, les pintades ont horreur du poulailler. Dès qu'elles grandissent, elles se trouvent bien de coucher sous des hangars ou dans les arbres.

XIV. — Le Dindon. — Le Paon.

ÉLEVAGE FACILE DU DINDON. — CAUSES D'ACCIDENTS AU COURS DE L'ÉLEVAGE. — COMMENT ÉVITER LES ACCIDENTS. — DURÉE DE L'INCUBATION. — SOINS DU PREMIER AGE POUR LES DINDONNEAUX. — PRÉCAUTIONS A PRENDRE POUR ÉVITER LA CRISE DU « ROUGE ». — ENGRAISSEMENT DU DINDON. — LE PAON.

Le Dindon. — Le dindon constitue, dans certaines régions, le gros revenu de la ferme. C'est un troupeau supplémentaire, laissant parfois autant de bénéfice net que les moutons, et n'exigeant que six à huit mois au maximum d'entretien. On dit et on répète un peu partout que son élevage est difficile, qu'il est très délicat dans les premiers jours, qu'il passe, au moment de la prise du *rouge,* par une crise terrible, souvent funeste, enfin que, plus gros, des épidémies fréquentes le déciment.

Cette délicatesse, cette crise, ces épidémies ne sont que la conséquence du manque de soins de la part des éleveurs, ou plutôt de soins mal compris et de mauvaise hygiène. En soignant les dindons rationnellement, leur élevage ne présente aucune difficulté. Comme on l'a vu pour les poulets, les excès de chaleur sont la cause initiale de presque tous les maux, et les conséquences en sont encore plus graves chez les dindons.

Le dindonneau, qui, en naissant, n'est guère plus gros qu'un poussin, augmente de volume beaucoup plus rapidement que ce dernier, puisqu'il deviendra, dans le même temps, quatre ou cinq fois plus fort. On ne tient pas, généralement, assez compte de ce développement rapide, amenant consommation d'air et dégagement de chaleur proportionnels. Telle bande de cinquante dindonneaux, par exemple, qui, placée dès l'éclosion en un local où elle était fort à l'aise jusqu'à l'âge d'un mois, y étouffe et s'empoisonne quinze jours ou un mois plus tard, et c'est justement au moment de la prise du rouge. De même, là où ils étaient bien à trois mois, ils sont encore trop à l'étroit étant adultes, et de là les épidémies, car tous, soumis aux mêmes conditions mauvaises, ressentent les mêmes effets.

Il est facile d'obvier à ces inconvénients, en donnant toujours aux dindonneaux, pour la nuit, un local très spacieux, en les forçant, dès qu'ils ne s'abritent plus sous leur mère, à se tenir sur les perchoirs, et, dès qu'ils ont pris le rouge, en les faisant coucher sous des hangars, sans courants d'air, ou même dans les arbres. On n'en verra jamais de malades.

L'élevage des dindons se fait généralement par les poules dindes, excellentes couveuses et mères; si parfois on fait éclore les œufs dans une couveuse artificielle, c'est pour donner les petits à une dinde, en supplément de sa couvée, car elle peut facilement en conduire cinquante, et elle n'a guère couvé que dix-sept œufs.

La poule dinde pond en moyenne une quarantaine d'œufs environ, pas très gros pour sa taille, et à coquille fine. Ces œufs, de très bonne forme, sont à coquille blanche tiquetée de points irréguliers de nuance brique. Aux œufs de dinde blanche ces marques sont plutôt rosées.

La durée de l'incubation est de trente jours. Les œufs sont généralement bien fécondés, car un seul accouplement a suffi pour toute la ponte. C'est pour cela que, dans bien des maisons où l'on ne conserve que trois ou quatre dindes, on s'abstient de nourrir un dindon, personnage encombrant dans la cour et gros consommateur, et, un peu avant le commencement de la ponte, on va porter ses dindes successivement à la ferme voisine, où, moyennant 50 centimes, on les ramène fécondées. A l'éclosion, les soins sont ceux des poussins avec une dinde.

Le régime aussi est le même, mais, au bout de quelques jours, on emploie, au lieu de salade dans la pâtée, des orties blanches et un peu d'oignon blanc; on force aussi la quantité d'œufs durs.

On maintiendra plus longtemps que pour les poulets cette pâtée de mie de pain rassis ou d'orties, d'oignon et d'œufs durs hachés, et, quand s'approchera le moment de la prise du rouge, on joindra à cette pâtée un peu de chènevis pilé, et cela jusqu'à ce que toutes les caroncules rouges soient bien sorties. A ce moment on peut supprimer toutes les douceurs pour les remplacer par du sarrasin, du maïs, de l'avoine, des pâtées de pommes de terre cuites, et surtout par le libre parcours au pré et aux champs. Aussitôt la moisson commencée, les dindons ne quitteront plus la plaine, et c'est à peine s'ils auront besoin de subsides à la maison, car ils devront rentrer le soir pouvant à peine traîner leur jabot. Les dindons se vendent gras ou maigres, c'est-à-dire engraissés, ou tels qu'ils sont pris aux champs. L'engraissement augmente sensiblement le bénéfice qu'on en peut tirer. La manière de le pratiquer diffère suivant les pays : on emploie les noix, les pâtons de farine d'orge, de maïs ou de sarrasin, la pâtée liquide à l'entonnoir. Cette dernière méthode est la plus simple et la plus pratique et met l'animal à point en trois semaines.

On prépare avec de la farine d'orge blutée et du petit-lait très frais, sans le moindre goût sûr, une pâte de la consistance de la pâte à beignets, et, au moyen d'un entonnoir à douille un peu longue, dont l'extrémité est coupée en biseau, que l'on introduit de toute sa longueur dans le bec du dindon, on verse, avec une cuiller à pot, au moins un litre du mélange directement dans la gorge du patient, tenu entre les genoux. Chaque jour on augmente la dose, jusqu'à dilatation complète du jabot. Un dindon ainsi engraissé prend facilement 5 francs de plus-value.

Le Paon. — Les soins du premier âge peuvent s'appliquer aux jeunes paons, dont la nature se rapproche sensiblement du dindon. La durée de l'incubation des œufs de paon est de vingt-huit à trente jours.

XV. — L'Oie. — Le Cygne.

INTELLIGENCE DE L'OIE. — COMMENT CONDUIRE LES OIES AUX CHAMPS. — ENGRAISSEMENT. — DURÉE DE L'INCUBATION. — SOINS A DONNER AUX OISILLONS. — MEILLEURE RACE D'OIE A CULTIVER. — LE CYGNE.

L'Oie. — Comme le dindon, et plus encore que lui, dans certaines régions, l'oie constitue un des troupeaux annexes de la ferme, et d'autant mieux que, comme pour le gros bétail, le pâturage est un des éléments de son existence. L'oie, comme le mouton, a ses pâtres, conduisant souvent des troupeaux plus nombreux que ceux des bergers. Ceux-ci sont, il est vrai, plus faciles à gouverner, l'oie étant, de toutes les bêtes de la basse-cour et de la ferme, la plus intelligente. Dans bien des contrées, aussitôt après la moisson, le pâtre traverse le village le matin : au son d'une corne, chaque propriétaire ouvre sa porte et les oies sortent, se joignant au troupeau qui passe. Elles sont plusieurs centaines en arrivant dans la plaine, et tout le jour elles paissent et ramassent des grains. Le soir, le jabot gonflé jusqu'à la naissance du bec, elles reprennent le chemin du village, et, dès les premières maisons, au son de la corne du pâtre, elles quittent leur démarche alourdie, pressent le pas, ouvrent les ailes, et, rompant les rangs, volant plutôt qu'elles ne marchent, se dirigent directement, par petits groupes, chacune vers sa maison, sans que jamais il y ait confusion dans le domicile.

A ce régime, les oies prennent le maximum d'embonpoint et n'ont pas besoin d'un engraissement spécial pour être conduites au marché, quand la saison du glanage est terminée. Quand on veut les conserver jusqu'à Noël, époque où la vente est la plus avantageuse, on les nourrit, à la cour, de pommes de terre cuites ou de maïs, ou de grain, sans négliger toutefois de leur laisser un coin de pré où elles pâturent à volonté.

L'élevage des oies se fait en général naturellement par les mères, couvant elles-mêmes leurs œufs dans un nid aménagé par leurs soins. Il n'y a pas de meilleures couveuses ni de meilleures mères. On fait cependant couver des œufs d'oie par des poules, mais une poule n'en peut guère couver que six ou sept; par des dindes ou par des couveuses artificielles, dans lesquelles les œufs éclosent très bien, à condition de n'avoir pas voyagé. La durée de l'incubation est de trente jours; l'oie pond de vingt-cinq à trente œufs, très gros, à coquille toute blanche, épaisse et dure. Elle fait généralement deux pontes, la seconde après la première couvée, et moins importante.

Les œufs sont généralement bien fécondés avec un jars ou mâle de deux, trois ou quatre ans. Ils le sont beaucoup moins bien avec un mâle de l'année. Un mâle peut suffire à six ou sept femelles, à condition d'avoir de l'eau. Si l'on conserve pour la ponte un plus grand nombre de femelles, c'est le cas d'avoir un mâle vieux et un jeune; deux du même âge passent leur temps à se battre et, tant que l'un n'a pas annihilé l'autre, ils ne prennent pas souci des femelles et les œufs sont clairs. Avec deux mâles d'âge différent, le jeune cherche rarement à lutter avec le vieux, et ne le dérange pas. Il ne prend son service utile que quand il se sent seul, ne voyant pas son rival à l'horizon et n'ayant pas à redouter les coups.

A l'éclosion, l'oisillon ne demande que quelques jours de soins minutieux. Comme nourriture : du pain trempé dans du lait ou du petit-lait frais, servi sur des billots à pâtée; dès le troisième jour, pâtée pas trop claire de farine d'orge ou de maïs, et, dès le quatrième jour, libre parcours avec la mère dans la prairie, où les petits cueillent des brins d'herbe, tout en suivant leur chemin, comme feraient des moutons. A défaut de prairie, ils suivent les talus gazonnés des routes et s'élèvent sans autres soins. La mère sait bien les défendre contre les importuns et les abriter quand ils en ont besoin.

De toutes les races d'oies, la race commune, dite normande, est la meilleure. Elle a ce grand avantage sur la race de Toulouse à plumage uniformément gris, sur les races italiennes uniformément blanches, d'avoir un plumage permettant à première vue de distinguer les mâles des femelles, ce qui est très difficile ailleurs. Dans la race normande, tous les mâles sont blancs et toutes les femelles sont grises, c'est-à-dire ont manteau gris et ventre blanc. Si l'on trouve des mâles gris, c'est qu'ils proviennent d'un croisement avec la race de Toulouse. La race de Toulouse, toute grise, sans qu'un seul signe extérieur, si ce n'est l'allure générale, différencie le mâle de la femelle, est localisée dans le midi de la France : elle est surtout cultivée pour l'obtention des foies gras. Elle est un peu plus forte que les autres variétés françaises ; cependant, les belles normandes, qu'il serait très facile de sélectionner, pour les avoir semblables partout, atteignent à peu près le même poids.

Le Cygne. — Bien qu'il soit oiseau de luxe et non de produit, le cygne a sa place tout indiquée au chapitre de l'Oie.

Le cygne est monogame, c'est-à-dire qu'il vit accouplé, et est d'une fidélité exemplaire. Il vit plutôt sur l'eau que sur terre et se nourrit de frai de poisson, d'insectes et de verdure, et aussi de grain, à défaut d'autre chose. Il passe son temps à pêcher, mais sans plonger, comme le canard, et seulement à la longueur de son cou. Il file sur l'eau avec une rapidité extraordinaire, s'aidant des ailes et des pattes.

La femelle ne pond que six à huit œufs à coquille lisse et blanche, jaunâtre ou verdâtre suivant les espèces, et couve dans un nid fait par elle-même avec des brins de paille et d'herbe ou des brindilles de bois, capitonné de son duvet. La durée de l'incubation est de six semaines. Le mâle garde le nid avec une vigilance féroce et nul n'en peut approcher sans redouter de terribles horions distribués à coups de bec et surtout à coups d'ailes. Un enfant exposé à ses coups serait en grand danger.

Les jeunes cygnes naissent recouverts d'un épais duvet qui leur permet d'aller à l'eau vingt-quatre heures après l'éclosion et de trouver, le long des rives, des larves, des insectes et des brins d'herbes qui constituent leur principal aliment.

La nourriture accessoire à leur donner est la même que celle des oies. Quand ils grandissent, leur duvet se change en plumes d'un gris terne qu'ils conservent jusqu'à près d'un an. Ce n'est qu'à la mue que le cygne prend sa belle livrée blanche.

XVI. — Le Canard.

CONDITIONS DE PROSPÉRITÉ DU CANARD. — AGE DU CANETON POUR LA VENTE. — PONTE ET DURÉE DE L'INCUBATION. — LOGEMENT DES CANARDS. — SOINS PARTICULIERS A DONNER AUX CANETONS. — QUELLE NOURRITURE LEUR DONNER ET COMMENT LA LEUR DONNER. — DISTINCTION DU MALE ET DE LA FEMELLE CHEZ LES JEUNES CANARDS ET CHEZ LES ADULTES.

De tous les animaux de la basse-cour, le canard est celui dont on peut tirer le plus de bénéfices. Il est prolifique, facile à élever et d'un développement ultra-rapide, à la condition, toutefois, d'être rationnellement soigné et d'être placé dans les conditions d'hygiène et d'habitat qui lui conviennent.

La prairie et l'eau, plutôt étang que rivière, lui sont nécessaires. Peu importe qu'il ait beaucoup d'eau à sa disposition, mais il lui en faut, et plus l'eau est courante plus on peut restreindre l'étendue qu'on lui concède.

Un caneton bien nourri est bon pour la vente à deux mois ou deux mois et demi; on en voit souvent à six semaines. Dans les pays marécageux où, par suite du voisinage de la mer, les grandes gelées sont peu fréquentes, les canes pondent dès les mois de novembre et de décembre, et les canetons, envoyés en primeurs aux Halles de Paris, en mars, avril, les premiers dès février, atteignent des prix fabuleux. Partout ailleurs la ponte ne commence qu'en janvier et février, et ce n'est que fin mai et dans le courant de juin que les canetons commencent à devenir de consommation courante; mais leur prix reste toujours suffisamment élevé pour être rémunérateur.

L'espèce de canards la plus répandue est celle dite des barboteurs de Normandie ou de Rouen, ou de Duclair, les uns ayant plumage du sauvage, en teinte plus ou moins claire; d'autres, plumage noir et blanc; quelques-uns, tout blancs, venant du croisement des races anglaises. Dans le Midi on se sert beaucoup des canes de ces variétés accouplées à des mâles canards d'Inde ou de Barbarie, qui donnent des *mulards*, canards gros et rustiques ne reproduisant pas.

En général, les canes ne couvent pas, à moins que, jouissant d'une certaine liberté, elles ne trouvent un coin abrité pour installer leur nid. Alors, si personne n'y a touché, si on a laissé amasser les œufs, quand il y en a de quinze à dix-huit, la cane couve, et avec une sollicitude extrême, se faisant un nid des plus confortables, garni de duvet qu'elle s'arrache, et, quand les petits sont éclos, c'est une mère exemplaire. L'incubation dure vingt-huit jours. Ces couvées par les canes sont l'exception. Elle sont le plus souvent faites par des dindes, par des poules, ou mieux encore par les couveuses artificielles. Le canard se prête admirablement à l'élevage artificiel, mieux encore que le poulet, car les soins un peu minutieux à lui donner sont de moindre durée. La cane pond de soixante à quatre-vingts œufs, parfois davantage, généralement plus gros que les œufs de poule, à coquille très lisse et comme un peu huileuse, de teinte glauque, plus ou moins foncée, suivant les espèces, allant du vert tendre à peine teinté au vert très foncé et même presque noir pour certaines races.

Autant les canes sont soigneuses de leurs œufs quand elles ont trouvé pour les cacher un endroit à leur convenance, autant elles s'en soucient peu quand elles se sentent privées de liberté. Elles pondent n'importe où, en se promenant, presque toujours la nuit ou de grand matin ; souvent même, elles pondent sur l'eau sans se soucier de ce que deviendront les œufs. Aussi est-il indispensable, quand les canes vivent à proximité d'un bassin ou d'une mare, de les parquer, pour la nuit, dans une cour isolée de l'eau et de ne leur rendre la liberté qu'assez tard, le matin, quand on a récolté les œufs.

Pour la nuit, même en plein hiver, les canards n'ont pas besoin d'abri — quand ils en ont à leur disposition, ils ne s'en servent pas ; — mais ils redoutent l'humidité, et il est essentiel d'avoir, dans la cour où ils couchent, un tas de fumier, que l'on remue au besoin chaque jour, pour que le dessus n'en soit pas humide.

Comme pour les oies, un mâle canard de deux ans est préférable, pour la fécondation des œufs, à un mâle d'un an. Un mâle suffit à sept ou huit canes. L'accouplement se fait toujours sur l'eau. Faute d'eau, il se ferait à terre, mais de façon très défectueuse.

Le caneton exige, dans ses premiers jours, non des soins particuliers, mais une surveillance assez minutieuse. Il redoute surtout deux choses : être mouillé, dormir au soleil ou avoir trop chaud. Cela peut lui être évité avec la moindre attention. Pour qu'il ne soit pas mouillé, il suffit de ne pas lui mettre d'eau dans une assiette et de ne lui donner qu'un bac siphoïde, ou alors un assez grand bassin creux avec plan incliné intérieur et extérieur lui permettant de sortir de l'eau aussi librement qu'il y sera entré (*fig.* 8). Quand on dispose d'une mare, d'un bassin, d'un ruisseau, dont l'accès est en pente excessivement douce, les canetons peuvent aller à l'eau dès le troisième jour après leur naissance ; mais, s'ils devaient avoir la moindre difficulté à en sortir, ils seraient noyés en quelques minutes.

Comme nourriture, à la naissance, une petite pâtée de mie de pain et de lait, et, dès le deuxième jour, pâtée de farine d'orge ou de maïs délayée dans du lait, ou petit-lait si possible, et, à défaut, avec de l'eau claire, distribuée sur des billots ou dans des augettes surmontées d'une barre de bois ne permettant pas aux canetons d'y mettre les pattes. Ces augettes se placent tout au bord de l'eau ou tout près du bac à boire, car le caneton ne sait pas avaler trois becquées sans boire une goutte d'eau, et son repas est un continuel va-et-vient entre le solide et le liquide. Grand

Fig. 8. — Bassin à canetons portatif.

consommateur de verdure, il aime avoir toujours à sa disposition, à défaut de prairie, une salade ou des feuilles fraîches de chicorée sauvage, suspendues à une ficelle, qu'il dévore jusqu'au dernier brin.

L'alimentation reste toujours à peu près la même : pâtée de farine d'orge ou de maïs; quand le caneton grossit, on peut y ajouter des boyaux de veau hachés, bien frais, que souvent les bouchers de campagne cèdent à bon compte, et enfin des vers de terre.

Dans certaines contrées, la récolte des vers de terre pour l'alimentation des canards est presque une industrie. On les fait sortir de terre, soit en dansant avec des sabots sur le sol humide, soit en enfonçant dans le sol une bêche à dents et en remuant légèrement. Les vers, effrayés par le grincement du fer contre la terre et le gravier, s'enfuient du côté où le sol est le moins dur, c'est-à-dire à la surface, et on n'a qu'à les ramasser. Sur un terrain humecté d'avance, on peut en ramasser un plein seau en fort peu de temps. Le piétinement du sol, ou le grincement du fer produisent, paraît-il, pour le ver, le bruit que fait la taupe en creusant ses galeries souterraines pour leur faire la chasse, et l'instinct de la conservation les fait fuir.

Nourris aux vers, à la pâtée et à la verdure, les canetons poussent à vue d'œil; à six semaines, ils peuvent aussi manger du sarrasin, de l'avoine et du maïs, et ils peuvent être portés au marché sans autre préparation. On en tire, cependant, une plus-value laissant un bénéfice net de 1 franc à 1 fr. 25 par tête, en les soumettant à l'engraissement forcé.

Cette opération sera décrite au chapitre spécial de l'engraissement.

Si l'on veut, parmi des canetons, quand ils n'ont pas encore leur plumage complet, distinguer les mâles des femelles, on les reconnaît au cri : le mâle a un cri grave, posé, guttural, un peu voilé, peu répété et lancé à intervalles égaux. La femelle a le cri plus perçant, plus éclatant, précipité, plus prolongé et lancé presque sans interruption. A l'âge adulte, le mâle se distingue par trois petites plumes retroussées à la naissance de la queue et formant comme un crochet.

XVII. — Oiseaux de chasse, de parc et de volière.

DIFFÉRENCE DE RÉGIME ENTRE LES OISEAUX DE BASSE-COUR ET LES OISEAUX DE VOLIÈRE ET DE CHASSE. — COMMENT SE PROCURER LES ŒUFS DE FOURMIS PURS. — ÉLEVAGE ARTIFICIEL.

Pour les oiseaux délicats tels que paons, faisans, perdreaux, cailles, colins, canards mandarins et carolins et tous oiseaux en général peuplant les chasses et garnissant les parcs et les volières, les principaux soins sont exactement les mêmes que ceux indiqués pour les oiseaux de basse-cour, et l'on pourrait les élever presque tous sans rien modifier au régime. Il est cependant bon d'ajouter pour presque tous des œufs de fourmi, naturels ou artificiels, c'est-à-dire une nourriture à la fois azotée et phosphatée.

L'œuf de fourmi naturel est le moins cher et c'est celui qu'on peut se procurer le plus facilement dans toutes les campagnes. Point n'est besoin d'avoir les grosses fourmilières des bois; celles des prés que l'on retourne d'un coup de bêche sont aussi bonnes, et, si chacune n'a que peu d'œufs, elles sont si nombreuses que l'on peut encore, en peu de temps, faire une récolte suffisante.

Il n'y a pas lieu, naturellement, de s'attarder à séparer les œufs de la terre, des brindilles et des fourmis. Mieux vaut laisser à celles-ci le soin du travail, car elles s'en acquittent à merveille: on ramasse le tout, pêle-mêle, en un sac que l'on rapporte ficelé à la maison, et l'on vide le sac dans un récipient quelconque en zinc, vieille baignoire ou vieux réservoir, et, avec de la craie ou du blanc d'Espagne, on trace, à quelques centimètres du bord, une raie très accentuée.

Les fourmis sont ainsi prisonnières dans le bac et n'iront pas se répandre dans la maison. Toutes cherchent bien à s'évader, mais, arrivées à la raie blanche, elles dégringolent, et, se rendant compte qu'elles ne peuvent fuir, elles cherchent à sauver leurs œufs. On prend alors un ou deux pots à fleurs dont on bouche l'orifice au moyen d'un papier retenu par une ficelle, et on les place, sur le côté, à demi enterrés dans la masse de brindilles ou de terre, de façon que le trou du fond en affleure la surface. Au bout de quelques instants, on voit toutes les fourmis, portant chacune un œuf, se diriger vers le pot, entrer par l'ouverture libre et sortir peu après, ayant déposé le précieux œuf, bien à l'abri, dans la caverne improvisée. En quelques heures le pot est presque plein d'œufs bien triés, sans terre et sans fourmis, qu'il n'y a plus qu'à distribuer aux faisandeaux. On détruit ensuite les fourmis comme on peut, et le moyen le plus simple est encore d'aller vider le récipient dans la plaine, où elles feront de nouveaux œufs.

Quand les perdreaux et les faisandeaux ont trois semaines, on peut leur donner quelques fourmis avec les œufs.

Les canetons de races délicates, genre mandarins et carolins, se trouvent également bien de consommer quelques œufs de fourmi; mais, pour eux, le meilleur condiment est la lentille d'eau, ce cresson minuscule qui, à la fin du printemps, couvre les mares et les petits canaux.

Comme les communs, ces canetons peuvent aller à l'eau deux jours après leur naissance, mais à la condition que les rives soient partout en pente très douce et qu'ils en puissent sortir à l'instant même où ils se sentent fatigués, sans avoir à chercher un endroit pour aborder.

L'élevage artificiel convient, on ne peut mieux, à tous ces oiseaux. Des œufs de perdrix et de caille, rapportés des champs, même après un assez long refroidissement, éclosent tous sans exception dans une couveuse, au milieu des œufs de poule, et leur élevage est très facile. Les œufs de râle de genêts éclosent également bien, mais on n'a pas encore trouvé la nourriture qui leur convient et ils ne vivent pas.

Éclos en même temps que des cailletaux avec lesquels ils semblent avoir une grande analogie (le râle de genêts est souvent qualifié roi des cailles), les petits râles, ravissants d'aspect, avec leurs longues pattes fragiles, ne cherchent qu'à fuir et ne prêtent aucune attention aux friandises que leurs camarades de nichée s'acharnent à ramasser et grâce auxquelles ils se développent à vue d'œil.

De ce qui précède, on peut conclure que la couveuse et la mère artificielles sont les meilleurs agents du repeuplement des chasses.

XVIII. — Engraissement.

AVANTAGES DE L'ENGRAISSEMENT. — CHOIX DE LA MÉTHODE D'ENGRAISSEMENT. — GAVAGE. — ÉLÉMENTS DE RÉUSSITE. — RÉGIME FORCÉ DU POULET. — COMMENT SE FAIT LA PÂTÉE.

L'engraissement est un des points de l'élevage les plus intéressants, en ce sens que le plus clair des bénéfices en découle. Le poulet peut se vendre tel qu'il sort des prés ou des champs, sous le nom de poulet de grain ; la vente en est courante, et il est même très prisé par quantité d'amateurs, mais ceux-ci sont surtout des théoriciens, et leur goût est tout de convention.

Rien ne vaut un poulet de bonne race engraissé à point, dans de bonnes conditions. Et, pour l'éleveur, le poulet gras laisse un bénéfice double. En moyenne, le poulet de grain vaut de 2 fr. 50 à 3 francs; engraissé, il vaut de 4 fr. 50 à 6 francs et même davantage, et l'engraissement n'a pas entraîné une dépense de plus de 1 franc à 1 fr. 50 par tête au maximum et n'a demandé que quelques soins pendant trois semaines. Les méthodes d'engraissement varient suivant les régions; toutes, cependant, sont basées sur le même principe : ingurgiter de force les aliments et ne pas laisser le poulet pourvoir lui-même à sa subsistance par les moyens ordinaires.

La méthode la meilleure, mais la moins répandue parce qu'elle est plus longue et plus minutieuse à appliquer, est celle qui consiste à préparer des boulettes de pâtée et à les introduire dans le gosier en les poussant avec le doigt. C'est ainsi qu'en Bresse et dans le Maine on obtient ces magnifiques chapons avec lesquels aucuns ne peuvent rivaliser.

Presque partout ailleurs, on emploie la pâtée liquide, ingurgitée soit avec un simple entonnoir (*fig.* 9), soit au moyen de la gaveuse mécanique (*fig.* 10 et *pl.* III). Le résultat est le même avec les deux modes. Le premier, plus primitif, a l'avantage de n'exiger aucune mise de fonds, de toujours fonctionner et d'être à la portée de tous. C'est un entonnoir ordinaire à douille longue de 10 à 12 centimètres dont l'extrémité coupée en biseau est arrondie par un bourrelet d'étain de 3 millimètres d'épaisseur.

Le gavage avec cet appareil primitif se fait beaucoup moins vite qu'avec la gaveuse, mais il est tout aussi bon, et une femme qui a l'habitude de s'en servir gave facilement soixante poulets à l'heure.

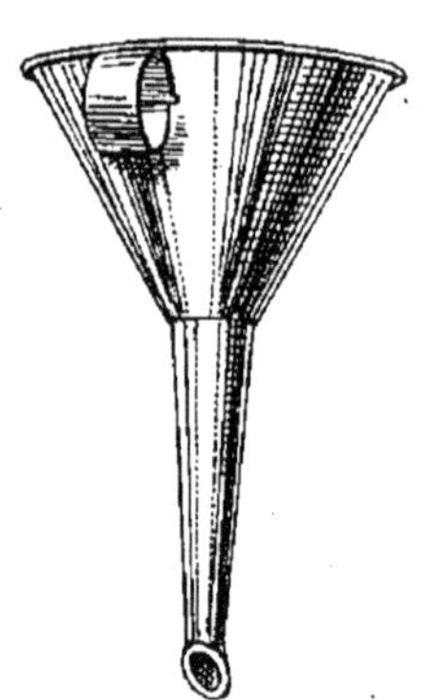

Fig. 9. — Entonnoir à gaver.

L'opération de l'engraissement, très simple en soi, est subordonnée, quant au succès, à diverses conditions accessoires : l'hygiène, l'âge et la santé des sujets, le mode de distribution et de préparation de la nourriture, la bonne volonté de l'opérateur.

Par hygiène on entend : propreté du local où sont renfermés les poulets à l'engrais, aération suffisante, et surtout sans courants d'air ; température moyenne de 12 à 18 degrés centigrades, pas au-dessus ; éclairage modéré : l'obscurité souvent recommandée est mauvaise ; éloignement du bruit de la basse-cour et calme aussi complet que possible.

La santé des poulets au moment où on les soumet à l'engraissement est un des points capitaux. On peut poser en principe, contrairement à ce qui semblerait tout naturellement indiqué, que l'on n'engraisse pas un poulet maigre. Seul le poulet vigoureux à crête rouge, bien en chair, déjà bon à figurer à la broche comme poulet de grain, profitera du régime spécial et de la nourriture abondante et exceptionnellement substantielle qu'on lui donnera. Il gagnera chaque jour un poids correspondant à cette nourriture, et arrivera vite, dans le délai réglementaire de dix-huit à vingt et un jours, à ce point où l'excès devenant un défaut, l'excès de santé et l'excès d'embonpoint dégénéreraient en maladie si on ne le sacrifiait en temps opportun.

Fig. 10. — Gaveuse mécanique mobile.

Par conséquent, tous les poulets à crête pâle qui, à premier examen, paraîtront un peu anémiques, dont, à la main, le poids semblera insuffisant pour la taille ou au-dessous de la moyenne ordinaire, resteront en liberté jusqu'à ce qu'ils aient repris vigueur, en courant les champs et en couchant sous un hangar hors du poulailler.

L'âge de ceux qui, en pleine santé, pourront être renfermés varie un peu suivant la saison et suivant les races. Le terme moyen est de trois à quatre mois, avancé parfois de huit et même de quinze jours, mais rarement retardé. Après quatre mois, le cochet commence à prendre des allures de coq ; la poulette se dispose à pondre ; la séquestration leur est plus pénible, ils ont plus de force et plus d'énergie pour se défendre contre l'ingurgitation forcée, et, pour toutes ces raisons, ils assimilent moins bien la nourriture. Leur chair commence aussi à être plus ferme et moins délicate.

Enfin, le goût, le soin, le tact et surtout la bonne volonté de l'engraisseur sont les principaux éléments de succès, et c'est pour cela que toutes les fermières opérant elles-mêmes, avec une volonté correspondante à leur intérêt, réussissent toujours mieux que les industriels obligés de recourir à des collaborateurs agissant seulement en raison du salaire, et sans intérêt direct dans l'entreprise.

La préparation de la pâtée, que l'on emploie la gaveuse mécanique ou l'entonnoir, est la même : farine d'orge blutée, excessivement saine, sans la moindre odeur de moisi, additionnée, si possible, d'un quart de farine de maïs également blutée, délayée avec du petit-lait, en pâte de la consistance de la pâte à beignets. Par petit-lait on entend le lait dont toute la crème a été retirée, soit à la main, soit au moyen des écrémeuses, mais il est essentiel que celui-ci soit frais et n'ait aucun goût sûr. Le lait pur serait beaucoup moins bon.

La consistance de la pâte se règle facilement avec l'entonnoir : elle est au point quand elle passe librement et sans arrêt.

On a souvent préconisé l'emploi de la graisse pour remplacer le lait dans la pâtée ; les résultats en sont mauvais. Mieux vaudrait, à défaut de lait, ajouter un peu de phosphate et de sucre.

XIX. — Pratique de l'engraissement.

GAVAGE A LA MAIN. — GAVEUSE MÉCANIQUE. — IMPORTANCE DES RATIONS A DONNER. — PRÉCAUTIONS A PRENDRE PAR LE GAVEUR. — RÉGIME DES CANARDS. — RÉGIME DES DINDONS.

Pour procéder au gavage, si l'on opère à l'entonnoir, méthode avec laquelle les volailles ne sont pas maintenues, comme dans la gaveuse, chacune isolément dans sa case, on choisit un local que l'on divise en deux parties, d'une superficie à peu près double de ce qu'il faut pour que les poulets s'y puissent tenir couchés côte à côte sans être serrés. Une petite porte met en communication les deux compartiments. Les poulets reçoivent seulement deux repas par jour à intervalles aussi réguliers que possible, de douze en douze heures. Le gaveur, muni d'un seau de pâtée, d'une cuillère à pot et de son entonnoir, s'assied sur un tabouret bas au milieu des poulets, près de la porte de communication, de façon à pouvoir attraper chacun de ses pensionnaires du bout du bras, sans se lever (ceux-ci, au bout de trois ou quatre jours, se laissent prendre sans résistance). Il tient le patient entre ses jambes, l'immobilisant par une légère pression. De la main gauche, prenant la tête derrière la crête, il allonge le cou et fait en même temps ouvrir le bec, qu'il maintient grand ouvert avec le pouce ; saisissant alors l'entonnoir de la main droite, il l'enfonce de toute la longueur de la douille, en ayant soin de passer au-dessus de la langue. A ce moment les doigts de la main gauche qui maintenaient le bec soutiennent l'équilibre de l'entonnoir ; le cou est tendu au maximum, et la main droite, s'armant de la cuillère à pot, verse d'un seul coup la ration dans l'entonnoir. Aussitôt celui-ci vide et la gave pleine comme un ballon, l'entonnoir retiré et accroché sur le bord du seau, le poulet est déposé dans le compartiment vide, préalablement garni de paille fraîche. L'importance de la ration varie suivant l'âge et la force des poulets, et va chaque jour en augmentant. Son dosage est facile à évaluer par la dilatation de la gave qui se perçoit immédiatement.

Chaque poulet passe ainsi successivement d'un compartiment dans l'autre. Aussitôt le dernier passé, on nettoie complètement le local et on y dispose de la paille fraîche pour le prochain repas, et ainsi de suite pendant vingt et un jours. De cette façon les poulets sont toujours propres et partent au marché avec un plumage brillant, qui leur donne toujours une plus-value sur ceux moins bien soignés qui arrivent couverts de pâtée durcie, avec une odeur particulièrement désagréable. Un gaveur soigneux a même toujours auprès de lui un seau d'eau avec une éponge, et, quand une goutte de pâtée tombe par hasard sur les plumes, il en efface toute trace avec son éponge.

Dans quelques pays on gave au pied.

L'opérateur, au lieu d'être assis, reste debout ; il a devant lui un lit de paille assez épais sur lequel il allonge le poulet. Il le maintient immobile sous son sabot appuyé sur une aile et sur les pattes, que l'élasticité de la paille protège contre tout froissement, et il a toute latitude pour disposer de ses deux mains et est plus libre pour se mouvoir. Il arrive à une plus grande rapidité.

Avec la gaveuse mécanique (*fig.* 10), surtout avec celle à pression automatique, l'opération est plus simple et plus rapide. Là le poulet est attaché par les pattes au moyen d'un petit bracelet retenu par une chaînette, lui laissant toute liberté de ses mouvements. Chacun a sa case séparée. La pâtée, préparée dans un seau, est versée dans le bac de la pompe. Un piston, mû par un fort contrepoids, la refoule par un tuyau de caoutchouc jusqu'à un robinet que l'opérateur n'a qu'à ouvrir par une légère pression du pouce pour que celle-ci s'écoule par une douille semblable à celle de l'entonnoir. Pour procéder au gavage, il n'y a qu'à saisir le poulet par le derrière de la tête avec l'index et le médius de la main gauche et à l'attirer à soi, de façon qu'il ait les pattes étendues au bout de ses chaînettes et que son estomac repose sur le rebord de la case. Par le seul fait de la tension du cou, il ouvre le bec, que le pouce, venant se placer sur le côté, maintient écarté. La main droite enfonce alors la lance de toute sa longueur, 12 centimètres environ ; plus elle est à fond, moins il y a de danger de blesser le patient, et mieux celui-ci déglutit. L'opérateur appuie alors sur le levier du robinet, et la pâtée descend lentement, tandis que l'aiguille indicatrice placée au-dessus de la pompe indique, en centilitres, la quantité qui s'est écoulée; simultanément on voit le jabot se gonfler comme un ballon. On arrête dès qu'on le sent au maximum. La lance retirée et raccrochée à la pompe, la main gauche n'ayant pas modifié sa position, la main droite passe sous l'estomac du poulet et le soulève doucement pour le déposer au fond de sa case, afin de lui éviter un mouvement brusque qu'il ne manquerait pas de faire si on le lâchait subitement dans la position où il se trouve.

Le premier repas commence par 8 ou 10 centilitres, pour passer ensuite à 12 et bientôt à 15; chaque jour voit augmenter la ration jusqu'à 20 et même 25 centilitres. Il n'y a pas de mesure précise : c'est l'inspection de la dilatation du jabot qui commande.

Une précaution des plus importantes est de se rendre compte, avant la distribution du repas, si la gave est complètement vide. En cas de digestion incomplète, sauter le repas, et, si le fait se renouvelle, sacrifier le poulet de suite : il maigrirait au lieu d'engraisser.

Pour les canards, le régime est le même, mais leur estomac étant plus actif, ils supportent facilement trois repas, et si l'on avait le courage de se lever assez tôt et de se coucher assez tard pour leur en donner quatre régulièrement espacés, ils n'en profiteraient que mieux. Ils n'ont qu'une différence avec les poulets, c'est qu'ils ne peuvent digérer sans boire, et qu'il est indispensable, pendant toute la durée de l'engraissement, de tenir à leur disposition de l'eau propre et fraîche. Bien soignés, ils sont généralement à point au bout de quinze jours et de dix-huit au maximum. On les tient rarement jusqu'à vingt et un.

Les dindons s'engraissent exactement comme les poulets, sauf qu'ils absorbent des rations d'un litre et au delà. On leur applique un peu plus souvent le régime des boulettes de pâtée épaisse trempées dans du lait. Dans certains pays, on donne des noix entières, mais cette méthode cause plus d'accidents que celle de la pâtée liquide à l'entonnoir, plus sûre et plus expéditive.

XX. — Vente des produits.

AGE AUQUEL LES POULETS SONT BONS A VENDRE. — COMMENT S'Y PRENDRE POUR VENDRE LES PRODUITS DE LA BASSE-COUR.

La fin de l'engraissement est le terme fixé à tous les soins prodigués depuis quatre mois. C'est, pour l'éleveur, le moment de réaliser le capital que son attention, sa peine, sa sollicitude et ses avances ont péniblement constitué.

Cette réalisation est généralement facile. Partout, en province, il existe, dans les gros bourgs, dés marchés hebdomadaires où la vente de tous les produits de la ferme est assurée à un cours régulier, par la présence de marchands en gros qui viennent là s'approvisionner pour l'exportation vers les grandes villes ou vers l'étranger. Les cours s'établissent suivant la grande loi de l'offre et de la demande et varient suivant les saisons, mais ils sont toujours réguliers et en rapport avec la valeur réelle des marchandises.

Le grand avantage de ces marchés est que les producteurs n'ont qu'à prendre la peine d'y apporter leurs produits, qu'ils n'ont d'autres frais qu'un minime droit de place à payer variant de 10 à 30 centimes par panier ou par mètre occupé, que la vente se fait en quelques minutes, à heure fixe, sans jamais attendre, et que toujours, et sans exception, le prix en est payé comptant. Ces jours de marché étant réguliers, il est facile de commencer l'engraissement trois semaines auparavant, pour que les poulets soient juste à point.

Dans presque toutes les campagnes, les éleveurs fréquentent deux ou trois marchés, leur village se trouvant à distance à peu près égale de deux ou trois bourgs situés dans des directions différentes. L'apport au marché est donc le mode le plus simple de la réalisation des poulets, car on y vend en même temps les œufs, le beurre, les fruits et les légumes.

Quand on produit de grandes quantités de poulets, et si l'on demeure à proximité d'une gare de chemin de fer, on a parfois avantage à les expédier directement, tués et plumés, à des mandataires assermentés aux Halles de Paris qui trouvent toujours à vendre, qui se contentent d'un droit fixe très minime, faisant en somme office de commissaires-priseurs, et en qui on peut avoir toute confiance pour le payement, en raison de leur situation. Ils règlent d'ailleurs au comptant par mandats-poste expédiés le soir même du jour où la vente a été faite. Pour avoir avantage à traiter avec ces mandataires, il est essentiel de ne produire que des pièces de bonne qualité et de fournir une qualité régulière. Aussi leur clientèle est-elle plutôt composée de revendeurs, c'est-à-dire de marchands achetant sur les marchés de campagne, que des producteurs eux-mêmes.

Quand on habite loin d'un marché ou quand on veut éviter l'embarras de s'y transporter, la vente des poulets n'en est pas moins facile, et à des prix suffisamment avantageux. Dans toutes les campagnes, même les plus isolées, passent au moins chaque semaine des *coquetiers,* des *volailleux,* qui récoltent, avec leur voiture, les œufs, les poulets, les lapins, et qui viennent d'autant plus volontiers et plus régulièrement qu'ils sont assurés d'avoir de belles pièces. Ils trouvent leur bénéfice en payant chaque tête quelques centimes de moins que sur le marché et en opérant sur des quantités; mais le producteur, qui n'a même pas eu la peine d'emballer ses poulets, y trouve aussi son compte à peu près équivalent.

Mais là aussi, comme avec tous les modes de vente, sans exception, toute la peine que l'on a pu prendre, tous les soins que l'on a prodigués, la bonne nourriture que l'on a dépensée pour produire de beaux sujets, sont largement compensés par la facilité de réalisation et par le prix.

XXI. — Le Sacrifice.

COMMENT TUER LES ANIMAUX DE BASSE-COUR. — PROCÉDÉ EMPLOYÉ DANS LES OFFICINES OU SE FONT EN GRAND LES EXPÉDITIONS DE POULETS. — COMMENT PLUMER SANS DÉCHIRER LA PEAU. — PROCÉDÉ ANGLAIS POUR TUER LES POULETS. — COMMENT TUER PINTADES ET CANARDS.

Quelle que soit la sollicitude dont on ait entouré ses élèves, le moment de la séparation est fatal. Dans bien des cas, si l'on demeure à proximité d'une ville, par exemple, et si l'on fournit directement aux restaurateurs ou aux marchands de comestibles, on ne peut les livrer autrement que prêts à mettre à la broche. Le sacrifice alors s'impose, et, ne fût-ce que pour la consommation de la maison, il faut en venir là.

Cependant la manière dont certains cuisiniers, dont certains garçons, aides de cuisine, martyrisent poulets, canards ou lapins pour les tuer, est répugnante et mériterait condamnation. Le meilleur moyen de réagir contre ces pratiques de brutes est d'indiquer le mode employé dans les officines où les poulets sont préparés par milliers pour l'expédition. On peut à quelque différence près faire de même dans toutes les maisons particulières.

Le tueur, tout en opérant vivement, procède avec beaucoup de méthode; il prend le poulet de la main gauche par les ailes, le dos de la main ou plutôt de la troisième phalange des doigts appuyé sur le dos du poulet, et maintient le jarret de la patte droite dans la première phalange de son petit doigt, formant comme un crochet. Le dos du poulet est tourné contre lui. Les ailes sont serrées par l'index et le médius de la main gauche, les deux phalanges du pouce restant disponibles et celui-ci ne faisant pression sur l'aile gauche que par la paume.

Le poulet ainsi immobilisé ne peut faire aucun mouvement. La tête est alors saisie par la main droite, à la crête, à la huppe ou au bec, et repliée sur la base des deux ailes, où elle est maintenue fortement par la première phalange du pouce appuyé presque sur l'œil. Dans cette position, l'oreille se trouve horizontalement placée devant l'opérateur et, par suite, l'artère carotide qui passe immédiatement sous l'oreillon. C'est la section de cette artère qu'il s'agit de faire. Pour cela, la main droite, munie d'un petit couteau à manche large, à lame de 6 centimètres de long environ, et pointue, tranche par un mouvement de bascule, et non par une incision tirée en long, l'artère carotide. Puis la pointe du couteau est enfoncée dans la plaie sur une longueur d'environ 2 centimètres. Cette piqûre a pour but de toucher la colonne vertébrale et de déterminer, en plus de la saignée, la mort immédiate par innervation, qui d'abord supprime toute souffrance et produit une détente nerveuse à la suite de laquelle les plumes se détachent presque d'elles-mêmes. On peut à ce moment, et pendant que le sang s'écoule, les arracher à grandes poignées sans craindre de déchirer la peau.

Dans quelques pays, et notamment en Angleterre et même en Belgique, on ne saigne pas les poulets. Comme par la méthode précédente, la mort est à peu près instantanée et il n'y a pas de souffrance : le poulet est tué par allongement et séparation des anneaux de la colonne vertébrale, exactement comme on tue les lapins.

Le tueur, prenant le poulet de la main gauche, par les deux pattes, saisit la tête dans la main droite, le pouce et l'index sur la tête derrière la crête, le médius sous le bec, et, allongeant tout le corps du poulet, le long de sa cuisse droite, il opère sur le cou une assez forte traction, en cassant, par une torsion de la main droite, qui se relève de droite à gauche, la colonne vertébrale.

Il s'arrête dès qu'il sent sous le pouce un petit craquement indiquant la rupture des vertèbres. Un battement d'ailes, et c'est tout. Sous l'influence de cette rupture, tout le sang afflue vers la tête et forme à la gorge une poche de la grosseur d'un petit œuf, sans qu'il s'écoule une seule goutte par le bec, et, sauf cette partie qui prend une teinte violacée assez désagréable, toute la chair du corps est à peu près aussi blanche que si le poulet avait été saigné.

Les marchands anglais sont partisans de cette méthode qui, selon eux, favorise la conservation pour le transport. Presque tous les dindons achetés pour Noël, en Angleterre, sont sacrifiés de cette façon.

Malgré cet avantage de conservation, assez discutable d'ailleurs, il est un fait incontestable, c'est que les volailles sacrifiées par le procédé anglais ne présentent pas l'aspect des autres. L'étalage d'un marchand de comestibles anglais n'est jamais aussi appétissant que ceux de Paris ou de Bruxelles.

Certains cuisiniers ne veulent pas de canards saignés, ni de pintades, et c'est à qui inventera les supplices les plus révoltants, tels que épingle dans la tête, étouffement lent, plus répugnants les uns que les autres. Le moyen le plus simple et le plus rapide pour tuer canards et pintades sans les saigner est de les pendre, en serrant très vigoureusement du premier coup le nœud coulant et en les laissant suspendus jusqu'à asphyxie complète.

En somme, quelle que soit la méthode adoptée, suivant les besoins du commerce ou de la cuisine, tous les animaux de basse-cour étant destinés aux mêmes fins, ce serait sensiblerie mal placée de chercher à éluder le sacrifice final; mais c'est presque un devoir, pour tout homme de sens un peu délicat, d'en atténuer les rigueurs dans la mesure du possible.

XXII. — Le Pigeon.

PRIX DES PIGEONNEAUX AUX HALLES DE PARIS. — LOGEMENT CONVENANT LE MIEUX AUX PIGEONS. — DURÉE DE L'INCUBATION. — ÉCLOSION. — NOURRITURE DES PIGEONNEAUX. — COMMENT RECONNAÎTRE L'AGE DES PIGEONS.

Le pigeon ne peut donner dans la ferme qu'un produit accessoire, cependant ce produit est loin d'être à dédaigner. On a renoncé aux colombiers d'autrefois, consistant en une tourelle spéciale abritant un millier de pigeons bizets qui produisaient au hasard des jeunes vendus au prix de 40 à 60 centimes au maximum. Les dégâts commis aux champs par ces bandes de pillards n'étaient pas compensés par la production.

On voit aujourd'hui des pigeonneaux se vendant de 1 fr. 25 à 1 fr. 75 pièce aux Halles de Paris; et ce prix permet d'entretenir des reproducteurs, trop lourds pour aller aux champs, mais travaillant en raison de la nourriture qu'on leur donne.

De bons pigeons, pas trop nombreux dans une cour, régulièrement accouplés, vivant libres et bien logés, peuvent faire de six à huit couvées par an, par conséquent donner six ou huit couples de pigeonneaux. Les très gros, tels que Romains et Montauban, dépassent rarement cinq à sept couples.

Les éléments principaux de la production sont : la liberté, le logement, la propreté.

En première ligne, la liberté. On prend souvent prétexte des dégâts que les pigeons causent sur les toits, des déprédations qu'ils commettent au potager, ou des graines qu'ils consomment aux champs, pour les renfermer et les séquestrer sous des grillages souvent très élégants et spacieux même. Mieux vaut les supprimer complètement, car leur produit, dans ce cas, est dérisoire. Étant libres, au contraire, ils payeront largement les dégâts, plutôt imaginaires que réels, qu'ils pourront commettre et ils donneront dans la ferme une animation qui n'est pas sans charmes.

Le logement a aussi son importance. Le principe du pigeonnier, condamné pour des centaines d'habitants réunis, est également mauvais pour quelques couples.

Le caractère du pigeon, essentiellement querelleur et jaloux, ne se prête pas aux agglomérations. Autant il aime les réunions en plein air, autant il recherche l'isolement dans son logement où toute son activité est consacrée à ses couvées et à ses nichées qui se succèdent presque sans interruption. Ce qui convient le mieux, ce sont des niches isolées pour un seul couple avec une ou deux entrées (V. *pl.* III), à distance assez grande les unes des autres, soit accrochées au mur, soit creusées dans le mur. Chaque niche s'ouvrira sur le devant, dans toute sa largeur pour permettre un nettoyage complet et facile. Elle sera assez grande pour qu'il y puisse tenir deux nids, car souvent les bons pigeons commencent à pondre avant que les petits qu'ils viennent d'élever n'aient quitté le nid. Une niche de 70 à 75 centimètres de longueur sur 40 centimètres de profondeur et 40 centimètres de hauteur est de bonne dimension. Enfin une propreté excessive, un nettoyage complet de la cabane à chaque couvée, sont de rigueur. Autrement les acares pullulent, envahissent le local et ses habitants; ceux-ci deviennent anémiques, souffrants, et la production s'arrête.

L'élevage des pigeons ne pouvant se faire artificiellement, les petits ne mangeant pas seuls à l'éclosion et devant recevoir la pâtée du bec des parents, il est de toute nécessité que ceux-ci, pour bien produire, jouissent du maximum de bonne santé, et c'est encore plus par la propreté que par la nourriture qu'on l'obtient. Le pigeon ne pond que deux œufs qu'il dépose dans un nid rudimentaire fait seulement de quelques brins de paille. Ce nid est même tellement simple qu'on y supplée par un nid artificiel, sorte de plat creux en plâtre où la femelle dépose ses œufs, sans, le plus souvent, prendre la peine d'y apporter la moindre brindille. La durée de l'incubation est de dix-sept à dix-huit jours. Le mâle et la femelle couvent alternativement, la femelle pendant la nuit, le mâle pendant le jour, mais quelques heures seulement.

Les petits naissent tout rouges, couverts seulement d'un duvet si léger qu'il est à peine perceptible. Les parents les nourrissent d'une pâtée spéciale, provenant de la macération, dans leur jabot, des graines absorbées par eux, qu'ils leur dégorgent dans le bec. Chaque jour, ils laissent les grains macérer moins longtemps et, à la fin, ils les dégorgent à peu près entiers et tels qu'ils viennent de les ramasser.

Le pigeon mâle est, de tous les oiseaux, celui qui prend la part la plus active à la production. A peine une nichée élevée, il pourchasse sa femelle jusqu'à ce qu'elle prépare un nouveau nid ; si ses roucoulements sonores ne suffisent pas à la décider, c'est à coups de bec qu'il l'y contraint. On dit d'un pigeon qu'« il chasse au nid ». Aussitôt que la femelle a pondu ses deux œufs, il couve, il nourrit.... et recommence. Il ne semble avoir d'autre but, dans l'existence, que d'augmenter sa progéniture.

En raison de ce tempérament particulier, il est important, pour que la production générale soit régulière, que tous les couples soient complets. Un mâle seul, non accouplé, jette le trouble dans toute la colonie.

Le pigeon consomme un peu de toutes les graines ; libre, il recherche volontiers des petites pousses de verdure. Les meilleures graines sont, pour lui, les pois jarras, la vesce, le sarrasin, le maïs, le blé ; quand il nourrit, un peu de millet mélangé à son grain ordinaire est d'un bon effet sur le développement des petits. Un des principaux éléments de sa santé est une eau de boisson excessivement propre, et de l'eau d'accès facile et peu profonde pour ses ablutions. Il aime le bain et en a besoin. Il souffre quand il n'en peut user à discrétion.

Il est grand amateur de salpêtre et on ne saurait mieux l'attacher à son domicile qu'en mettant à sa disposition des pierres salpêtrées, des pains de sel, fabriqués au moyen de gros sel trituré avec de la terre à four séchée au soleil, ou encore des queues de morue salée.

Les colombophiles se plaignent souvent de quantité de maladies de leurs élèves. Toutes, sans exception, viennent du défaut de liberté, du défaut de propreté du pigeonnier, du défaut d'eau claire et de baignade.

Il est facile de les éviter. Mais, si l'on ne peut réunir ces diverses conditions d'hygiène, mieux vaut n'avoir pas de pigeons.

La question de l'âge, que dénotent difficilement des signes extérieurs, a son importance. On obtient une indication certaine au moyen d'une bague en aluminium portant le millésime de l'année. Ces bagues se passent à la patte quand le pigeonneau a de quinze à dix-huit jours. Plus tard les doigts seraient trop gros pour passer. Une fois en place, cette bague ne peut disparaître sans être coupée, et cela forme, pour toute la vie, un acte de naissance authentique, dont l'intérêt est d'autant plus grand qu'il s'agit de pigeons de race pure, ayant souvent, pour des amateurs, une très grande valeur.

XXIII. — Le Lapin.

AVANTAGES DE L'ÉLEVAGE DU LAPIN. — CONDITIONS DU MEILLEUR LOGEMENT. — NOURRITURE. — NOURRITURE DES MÈRES AU MOMENT OU ELLES ONT DES PETITS. — COMBIEN UNE LAPINE PEUT-ELLE FAIRE DE PORTÉES PAR AN? — COMBIEN DE PETITS PAR PORTÉE? — PARTI A TIRER DES PEAUX. — MEILLEURE ESPÈCE DE LAPINS A CULTIVER DANS UNE FERME.

Parler du lapin dans un traité d'aviculture paraît déplacé; cependant, celui-ci faisant partie intégrante de la ferme, on a pris l'habitude de le cataloguer avec les oiseaux de basse-cour, et cela semble tout naturel. On ne voit guère, en effet, une maison peuplée de poules, de dindons, de canards, de pigeons, où il n'y aurait pas de lapins. C'est que, de tous les hôtes de la campagne, le lapin est peut-être le plus précieux, vivant dans toutes les conditions, se contentant de peu, donnant un rendement toujours supérieur à son entretien.

Dans les ménages pauvres, c'est la pièce de 5 francs qu'un couple de lapins fait de temps en temps rentrer à la maison, n'ayant rien coûté que la peine, pour les enfants, en dehors des heures d'école, de cueillir aux champs quelques brins d'herbe; ou bien c'est la gibelotte odorante et savoureuse, les jours de fête ou de réunion de famille; à la ferme, c'est un des meilleurs articles du menu des ouvriers des champs, et c'est, de plus, un appoint sérieux au budget de la fermière.

On voit aussi des citadins, retirés à la campagne, tenter de se faire, suivant la légende, 3000 francs de rente en élevant des lapins. Ce chiffre rarement atteint pourrait difficilement l'être; mais on voit souvent des gens soigneux et travailleurs augmenter, par cet élevage spécial, leurs modestes revenus, en proportion suffisante pour vivre confortablement.

Si le lapin vit un peu n'importe comment et peut se nourrir de n'importe quoi, il n'en prospère que mieux quand il est placé dans de bonnes conditions d'hygiène et quand il reçoit une nourriture judicieusement appropriée.

Habitat. — Il redoute l'humidité, les courants d'air, la chaleur humide et la température excessive, ainsi que la privation de lumière. Il se trouve bien des niches exposées au plein air avec devant grillagé, fond cimenté avec pente pour l'écoulement des urines, et épaisse litière sur le fond.

Pour les niches portatives, couverture en zinc et fond mobile en bois, recouvert de zinc, à double pente et légère ouverture au milieu, barreaux en fer sur le devant. Ces dernières sont les plus économiques et les plus pratiques à cause de la facilité du nettoyage et du maintien toujours à l'état sec de la litière.

Dans une niche de 1 mètre de façade sur 50 centimètres de profondeur, une lapine se trouve dans les meilleures conditions pour produire et élever sa nichée jusqu'au moment où les petits sont assez forts pour être isolés.

Les lapereaux réunis en nombre se trouvent bien, mâles d'un côté, femelles de l'autre, d'être placés, jusqu'au moment où ils devront aller au marché, dans un local un peu vaste, tel que stalle d'écurie inoccupée, ancienne bergerie ou analogue, où l'on peut se dispenser d'un nettoyage fréquent, en laissant monter la litière par une addition de paille fraîche ou de fourrage tous les jours. On emploie de même avec succès des silos à fourrages inoccupés, ayant 3 et 4 mètres de profondeur, dans lesquels la litière peut s'empiler jusqu'à 2 mètres d'épaisseur et reste ainsi toujours sèche, la couche supérieure formant filtre. Au jour du nettoyage, c'est une réserve de fumier qui vient se joindre à celui des étables et dont la valeur est loin d'être négligeable.

Nourriture. — La nourriture se peut donner sous quantité de formes différentes, suivant la situation de l'éleveur : ouvrier, cultivateur ou propriétaire amateur. Un principe cependant s'impose à tous : ne donner que des aliments frais et sains et les distribuer dans des rateliers, pour qu'ils ne soient ni piétinés ni salis. Au printemps : chicorée sauvage, pissenlits, pimprenelle, luzerne, sainfoin, et un peu d'avoine ou de gros son, des croûtes de pain sèches, mais sans moisissures. A défaut de verdure, du regain (foin de luzerne de deuxième coupe) très sain, exempt de tout mauvais goût, des carottes, blanches de préférence aux rouges, son et avoine.

Il est admis un peu partout que l'herbe mouillée est pernicieuse aux lapins, qu'elle leur donne le gros ventre et les fait mourir. C'est là une erreur résultant d'un défaut d'observation. L'herbe mouillée est dangereuse en effet, mais seulement quand, mise en tas, pendant un certain temps après avoir été coupée, elle a subi un commencement de fermentation. Une voiture de luzerne arrive rarement à la ferme, si le champ où on l'a fauchée est un peu éloigné, sans que le milieu soit déjà chaud. L'herbe donnée en cet état aux lapins serait mauvaise. Mais si on cueille au jardin, le matin par la rosée ou après la pluie, un panier de chicorée sauvage, pour le distribuer immédiatement, rien n'est meilleur.

A l'état sauvage, le lapin, qui ne quitte son terrier que le soir pour aller manger au moment où la rosée commence à tomber, et qui broute jusqu'au matin, ne vit que d'herbe mouillée, aussi bien par le beau temps que par la pluie, et ce régime lui convient à merveille, mais son estomac n'est pas fait pour digérer les aliments fermentés. Il est facile de l'en dispenser.

Boisson. — Le tempérament particulier du lapin lui permet de vivre sans boire, et tous ceux qui ont charge de le soigner s'empressent de se dispenser de la peine de lui donner à boire, affirmant que l'eau serait néfaste pour lui. Voilà encore une légende généralement admise sans discussion, qui ne repose sur aucun fait précis.

Libre, le lapin boit comme tous les animaux; il boit même peut-être plus que d'autres, puisqu'il ne consomme que de l'herbe mouillée, mais c'est surtout de la rosée, eau propre et fraîche par excellence; et de l'eau sale, corrompue ou chaude, ne lui vaudrait rien. Ce n'est pas une raison pour ne pas lui en donner de propre et à discrétion. Évidemment un lapin élevé sans boire, à qui brusquement on laissera de l'eau autant qu'il voudra, pourra en être indisposé, mais, en la donnant progressivement jusqu'à satiété, il n'y a rien à craindre.

L'eau est surtout nécessaire aux femelles, au moment où elles vont avoir leurs petits. Beaucoup d'entre elles les mangent dès qu'ils sont nés, et on s'en étonne. Ce n'est pas de la férocité, c'est la conséquence toute naturelle de sa situation fiévreuse, fatiguée; la bête léchant ses petits fait jaillir une goutte de sang qui la désaltère; elle insiste sous l'influence du soulagement et de la satisfaction qu'elle éprouve. Le petit être informe et presque inerte encore à ce moment y passe en entier.

Si la mère avait eu de l'eau à sa disposition, l'accident ne serait pas arrivé.

Reproduction. — La lapine porte trente jours; elle a généralement cinq à six petits; les bonnes mères, suivant les races, en ont sept et même neuf. Elle peut avoir jusqu'à huit portées par an, car elle est apte à produire à nouveau une quinzaine de jours après la mise bas. Certains éleveurs sont partisans du troisième jour; mais si le système est bon au point de vue du nombre des produits, il est très mauvais au point de vue de la qualité, car la mère ne peut à la fois allaiter et porter : les premiers nés se développent moins rapidement et ceux qui doivent naître viennent moins bien constitués.

Quand on veut de beaux produits, il est préférable de n'exiger que cinq ou six portées par an, et encore de donner aux mères et aux nouveau-nés des soins spéciaux, en dehors de la nourriture ordinaire; à la mère, deux fois par jour, une sorte de soupe au lait, avec du pain émietté et du lait coupé de moitié eau; aux petits, dès qu'ils sortent du nid, un barbotage de lait coupé et de farine d'orge : le tout excessivement frais et propre.

Mode de préhension.— On a partout la mauvaise habitude, quand on veut prendre un lapin, de l'attraper par les oreilles et de le porter ainsi souvent loin et longtemps. Rien n'est plus mauvais, surtout pour les animaux grands et lourds. On risque d'abord de les tuer par le décollement des anneaux de la colonne vertébrale; ensuite le froissement des oreilles et l'inflammation qui en résulte peuvent causer des catarrhes ou des affections auriculaires, très difficiles, sinon impossibles à guérir.

Un lapin se prend simplement par une poignée de peau saisie à pleine main au milieu du dos, à peu près à la hauteur des épaules. On peut ainsi le transporter où l'on veut sans crainte de le blesser et sans danger d'être égratigné.

Peaux et fourrures. — Le lapin se cultive de plus en plus pour la fourrure, et sa peau, de prix infime autrefois, peut sensiblement augmenter sa valeur. Elle vaut la peine d'être utilisée au moment où le poil est le plus brillant et où, la mue terminée, il est le mieux adhérent. Les progrès de la chimie permettent, par la teinture, de transformer presque toutes les peaux en fourrures. Il existe cependant certaines races de lapins, tels que les argentés de Champagne et les bleus de Beveren, dont les peaux s'emploient à l'état naturel et dont l'élevage ne diffère en rien de celui des races communes. Les peaux blanches, employées comme hermine à bon marché, ne peuvent s'obtenir par la teinture; mais elles sont fournies par les lapins russes, blancs à extrémités noires, et par les Polonais, tout blancs, faciles à élever, de chair fine, n'ayant que l'inconvénient d'être de petite taille. C'est presque un luxe de les entretenir.

Quand on ne s'attache pas à la fourrure, le meilleur lapin à cultiver est le Normand, qui n'est autre que le garenne agrandi; fort, bien rablé, rustique, prolifique, atteignant facilement le poids de 3 kilogrammes et dépassant ce poids à l'âge adulte : c'est le vrai lapin de ferme.

XXIV. — Maladies. Précautions préventives. — Soins.

Y A-T-IL INTÉRÊT A SOIGNER DES BÊTES COMMUNES? — DIPHTÉRIE. — ENTÉRITE. — DIARRHÉE. — PICAGE. — ANÉMIE. — PHTISIE. — GALE DES PATTES. — PÉPIE. — CHOLÉRA. — PARASITES.

Presque toutes les maladies des animaux de basse-cour, on pourrait plus justement dire toutes, sont la conséquence des mauvaises conditions d'hygiène dans lesquelles ces animaux sont entretenus. Comme il est plus simple de prévenir que de guérir, ce sont les mesures préventives qu'il convient d'indiquer plutôt que les médications, et, presque toutes ces mesures ayant été signalées dans les chapitres précédents, il ne reste à voir que les maladies les plus communes.

En principe, tant qu'il s'agit d'animaux de produit courant, n'ayant pas, comme reproducteurs ou comme spécimens de race pure, une valeur supérieure au prix moyen du marché, il n'y a pas à hésiter à les sacrifier ou à les vendre à la première atteinte d'un mal ou d'un accident quelconque. On en tire à ce moment, soit par la consommation, soit par la vente, l'équivalent de leur valeur réelle, tandis que, même soignés avec succès et bien guéris, ils subissent toujours une dépréciation, et on a couru le risque de ne pas les guérir et d'avoir à déplorer une perte complète. On a aussi perdu un temps qui aurait pu être mieux employé.

Ce n'est donc qu'aux animaux de valeur supérieure au taux normal, aux sujets de race pure, aux reproducteurs cotés, aux bêtes auxquelles on a voué une affection particulière, qu'il convient d'appliquer des soins médicaux, et cette catégorie ne laisse pas d'être nombreuse.

Nous nous arrêterons aux maladies dont l'apparition est

le plus fréquemment constatée et qui constituent en quelque sorte le fléau des basses-cours.

Citons en première ligne les maladies suivantes :

Diphtérie. — La diphtérie, ou plus communément mal de gorge, angine, croup, provient des excès de chaleur suivis d'un refroidissement, — excès de chaleur généralement causés par la réunion d'un trop grand nombre de bêtes, pendant la nuit, en un local de dimensions insuffisantes, — d'un séjour prolongé dans l'humidité, dans un courant d'air ou dans un endroit constamment soumis au vent. Les voyages, où les bêtes, entassées dans des cageots, empilés eux-mêmes dans des wagons clos, ont dû subir une température excessive, pour ensuite rester sur le quai d'une gare, exposées à toutes les intempéries, sont une cause de diphtérie.

Le mal se manifeste par une gène dans la respiration ; la poule ouvre fréquemment le bec en allongeant le cou, et émet parfois un son guttural, qui est sa manière de tousser ; ou bien elle reste triste, tout en boule, marchant tout d'une pièce ; ou encore, sans paraître malade, elle râle constamment, surtout la nuit, avec une telle force que l'on croirait entendre une sorte de chant. D'autres fois ses yeux pleurent et un écoulement se produit par les narines. C'est toujours la diphtérie, qui se traduit finalement par des plaques d'un blanc grisâtre à la base de la langue et dans la gorge, qui ne tardent pas à envahir tout l'organisme et à amener la mort.

La diphtérie, provenant ainsi de causes qui peuvent affecter simultanément toutes les bêtes d'un même poulailler, prend souvent la forme d'une épidémie et devient dévastatrice. Elle n'est cependant pas contagieuse comme une peste, par des spores transportés par l'air, mais elle l'est par l'eau et par les germes que les poules malades, enfiévrées et par conséquent cherchant souvent à étancher leur soif, déposent en buvant dans le bac à boire.

Les bêtes encore saines, mais prédisposées au mal par les conditions où elles se trouvent, absorbent ces germes en buvant à leur tour, et le mal se propage avec une extrême rapidité.

Le moyen le plus simple pour l'enrayer est d'en supprimer les causes, d'aérer largement le poulailler ou de faire coucher les poules sous un hangar et même dans les arbres, d'abriter les parquets contre les courants d'air ou contre les coups de vent persistants, d'y faire disparaître l'humidité et de forcer toutes les bêtes à boire à l'eau courante, ou tout au moins dans une petite rigole improvisée où l'eau ne séjourne pas ; ou, en cas d'impossibilité, tenir l'eau de boisson très propre en y ajoutant 2 grammes par litre d'acide sulfurique.

Isoler naturellement les malades, en les tenant dans un local très sec, abrité du vent et pas trop chaud, en leur donnant de l'eau acidulée comme ci-dessus et en faisant deux ou trois fois par jour des lotions dans le bec et dans la gorge, sur les yeux et sur les narines en cas de besoin, au moyen d'une plume un peu raide, avec de l'eau contenant 6 grammes par litre d'acide sulfurique. En plus, nourriture tonique et substantielle. Propreté excessive.

Entérite. Diarrhée. — L'entérite affecte surtout les poussins dans le premier âge. Elle est due principalement à cette mauvaise habitude que l'on a un peu partout de les faire manger trop tôt après leur naissance. Ils ont encore dans l'intestin tout le jaune de l'œuf qu'ils ont résorbé au moment de l'éclosion, et, s'ils n'ont pas eu le temps d'en commencer la digestion avant d'ingérer de nouveaux aliments, il se produit un encombrement du tube digestif qui se traduit quelques jours plus tard, souvent même après un délai assez long, par une inflammation générale ou entérite, suivie de diarrhée, dont le poulet meurt généralement.

L'entérite provient également d'excès de chaleur dans

les sécheuses ou sous les mères, d'excès d'alimentation trop excitante, telle que jaune d'œuf, chènevis pilé, millet, ou encore trop débilitante, telle que pâtée à l'eau donnée comme nourriture exclusive. Comme traitement, supprimer les causes énumérées ci-dessus, donner comme boisson du lait tiède, laisser quelques heures de diète et donner un peu de mie de pain trempée dans de l'huile de ricin. Pour les bêtes adultes, la diarrhée est le plus souvent la conséquence d'une maladie de foie, difficile à guérir. Cependant on peut tenter : eau de Vichy, diète de vingt-quatre heures, pain trempé dans l'huile de ricin, et prolonger l'eau de Vichy coupée de lait ; nourriture : grain et verdure.

Picage. — Le picage est plutôt un accident qu'une maladie. C'est le fait, pour les poules, de s'arracher les plumes les unes aux autres pour les avaler et de pousser cette habitude jusqu'à se déplumer complètement, et si, par hasard, sous un coup de bec plus fort que les autres, une gouttelette de sang vient à perler, de s'acharner sur la victime jusqu'à la dévorer en partie. Cette sorte de férocité n'est que la manifestation d'un besoin impérieux d'alimentation animale dont sont privées toutes les poules ne jouissant pas de la liberté de courir les champs. Cette privation provoque chez la poule, qui est omnivore, c'est-à-dire qui, à l'état libre, se nourrirait à dose égale de grain, de verdure et d'insectes, une maladie d'estomac dont la conséquence immédiate est une dépravation du goût, définie en médecine par le mot *pica*, qui porte le malade à absorber les choses les plus hétéroclites, telles que des plumes, de la paille, de la terre, etc.

Le meilleur moyen d'éviter le picage, ou de l'enrayer dès qu'il commence, est de donner aux poules la liberté, mais cela n'est pas toujours possible. On y supplée alors par des distributions fréquentes, trois ou quatre fois par jour, de verdure, salades, choux, chicorée sauvage, de viande séchée, de sang cuit, de poudre d'os et, en hiver, à défaut de verdure, au moyen d'une betterave coupée en deux et suspendue par une ficelle à 20 centimètres du sol. Toutes les poules d'un même parquet ne sont pas toujours atteintes simultanément du pica. En enlevant la première chez qui on constate tendance à arracher les plumes des autres, et en traitant les autres aussitôt, on a chance d'enrayer le mal. Le picage provient aussi souvent de la présence de nombreux poux dans le poulailler et sur les poules ; le coup de bec enlevant une plume produit sur la poule l'effet d'un ongle qui la gratterait et calmerait la démangeaison constante qu'elle éprouve. Satisfaite, elle se prête de très bonne grâce à l'opération et vient d'elle-même s'offrir, le coq surtout, au bec qui la déplume. Dans ce cas, il n'y a qu'à détruire les poux, tant dans le poulailler que sur ses habitants, ce qui d'ailleurs devrait se faire régulièrement au moins deux fois par an, en dehors de tout accident. On verra plus loin le moyen de destruction des poux, qui par les ravages qu'ils causent sont aussi redoutables que les pires maladies et peuvent être mis au rang de celles-ci.

Anémie. Phtisie. — Les poux sont aussi cause d'anémie et l'une des principales. Souvent aussi l'anémie se déclare à la suite d'une atteinte de diphtérie qui s'est spontanément guérie, ou du moins semblait être guérie ; elle dégénère vite en phtisie qui emporte le malade. Quelquefois l'excès de chaleur seul suffit à la déterminer. Les mesures préventives et les soins de la diphtérie sont applicables.

Gale des pattes. — La gale des pattes provient d'une espèce particulière d'acares qui s'installent et pullulent sous les écailles des pattes, y produisent une masse farineuse qui soulève les écailles au point de déformer complètement la patte et d'en doubler parfois le diamètre. Il y a des terrains généralement humides où la gale reste en permanence et atteint tous les poulets qui y sont élevés, dès qu'ils ont l'âge de cinq à six mois. A un an, leurs pattes sont déjà blanches et, à deux ans, elles sont complètement déformées. Elle s'attaque surtout aux poulets qui, dans leur jeune âge, ont eu pour une cause quelconque un arrêt dans leur croissance. Remède préventif : tenir les poulaillers excessivement propres; tremper assez souvent les pattes des poulets dans un bain de barèges. Remède curatif : tremper pendant un quart d'heure les pattes dans un bain de barèges (sulfure de potassium) à 30 pour 1000, à la température de 35°. — Ne pas employer le sulfure de sodium, beaucoup moins efficace que le sulfure de potassium. — Recommencer pendant trois ou quatre jours, en frottant doucement avec une brosse à ongles. Ensuite, enduire la patte d'une pommade très épaisse de saindoux et de fleur de soufre. Au bout de trois jours, lavage au barèges et nouvelle application de pommade. Continuer jusqu'à complète guérison.

Ne pas employer le pétrole, préconisé un peu partout, qui fait tomber les écailles des pattes.

Pépie. — C'était la maladie traditionnelle des poules au temps jadis; admise encore aujourd'hui trop généralement. Une poule semble-t-elle boudeuse, privée d'appétit, vite on inspecte son bec et on constate que la substance cornée qui garnit le bout de sa langue est apparente. C'est la pépie. Il n'y a qu'à la lui enlever. Une femme experte a vite fait avec une épingle passée en dessous et en dessus de détacher cette pointe de la langue et de l'arracher; une boulette de beurre suffit à la cautérisation. La poule ne meurt pas toujours des suites de cette opération aussi sotte que barbare et la praticienne se vante de l'avoir guérie, se promettant bien de recommencer à la prochaine occasion. Toutes les poules en pleine santé ont la langue terminée par un fin cartilage, sorte d'ongle leur servant à pousser dans le gosier le grain saisi par le bec. Dès qu'elles sont malades, surtout d'une angine, la fièvre détermine un dessèchement momentané de ce cartilage, comme la fièvre donne aux humains la langue sèche dans la bouche. Si, pour les soigner, on leur arrachait la peau de la langue, cela pourrait par miracle ne pas les tuer, mais cela ne les guérirait certainement pas. Il en est de même pour la poule : le mal de langue est conséquence du mal de gorge, et c'est cette dernière qui exige des soins, les mêmes que ceux de la diphtérie.

Choléra. — Le choléra des poules, décrit par maints savants, combattu même par eux au moyen de la vaccination préventive, n'existe pas effectivement. Il y a des maladies qui affectent souvent la forme épidémique, tous les sujets d'une même basse-cour, parfois même de tout un village, étant soumis aux mêmes causes et ressentant simultanément les mêmes effets : telles sont la diphtérie, l'anémie, l'entérite; mais ce n'est pas un choléra.

Il se présente aussi dans toute une région des cas d'empoisonnement causés par des farines malsaines vendues par un même meunier. Ce sont des farines faites avec des petits blés contenant une quantité exagérée de graines de nielle et qui, n'étant pas vendables au commerce, sont livrées sous forme de mélange avec des recoupes de blé ou avec des farines d'orge. Cette graine de nielle, inoffensive quand elle est consommée entière, — les poules la délaissent d'ailleurs très régulièrement, — devient des plus dangereuses transformée en farine. Des cas d'empoisonnement, ayant toutes les apparences d'un choléra, se produisent aussi dans les maisons où l'on a saigné un porc atteint du rouget. Les poules qui ont ramassé quelques gouttes de sang dans la cour sont foudroyées en quelques heures.

Acares. Poux. — Les acares et les poux sont les pires ennemis des poules, plus dangereux pour elles que les plus graves maladies. On n'arrive à les détruire qu'en opérant simultanément sur les poulaillers et sur leurs habitants. La grande propreté des locaux est le meilleur moyen de défense; mais quand, malgré tout, leur invasion est un fait accompli, il ne reste qu'à opérer énergiquement. Le badigeon des murs à la chaux est insuffisant. Un résultat complet ne s'obtient que sur des murs à surface lisse ou sur des poulaillers portatifs en bois raboté, et en les peignant sur toutes faces, ainsi que les perchoirs, avec du pétrole pur ou avec du carbonyle. Si les murs sont en pierre brute apparente, il est nécessaire de les crépir préalablement.

Le poulailler nettoyé, il s'agit de se rendre compte si les poules ont aussi besoin de l'être. Cela ne semble pas facile, à première vue; rien cependant n'est plus simple. S'ils ne sont pas visibles sur la plume, les poux le sont sur la peau. Or il existe sur chaque poule une petite place, en dessous de la pointe du croupion, où la peau est lisse et dépourvue de plumes. C'est là qu'est le siège de la colonie. En tenant la poule suspendue par les pattes et en appuyant sur la queue en la rapprochant du dos, on met cette place à découvert et on aperçoit, grouillant, tout un tas de petits poux rouges. S'il y en a là, il y en a partout ailleurs et il s'agit de les détruire.

Pour cette fin, le mode le plus sûr, le plus pratique, est le bain de barèges; l'idée d'une poule mouillée et d'un bain fait toujours sourire; rien cependant n'est plus pratique.

On opère par un jour de chaleur et quand le soleil est déjà haut, vers dix ou onze heures. Dans un grand seau de bois ou dans un baquet étroit tel qu'un petit tonneau de 60 à 100 litres défoncé, on prépare, avec de l'eau à 35° environ, plutôt moins, une solution de barèges à 25 ou 30 grammes par litre d'eau. Chaque poule y est tour à tour trempée pendant deux ou trois minutes. Si elle appartient à une espèce portant huppe et favoris, on commence par bien humecter et frotter avec la main la base des plumes de la huppe et des favoris, puis on la trempe en entier, en la tenant par les ailes, de la main gauche, et en soutenant la tête à fleur d'eau, de la main droite. Avant de la retirer, on fait bien pénétrer l'eau en frottant avec la main droite sous le ventre, sous les ailes et sous la queue. On la lâche ensuite au soleil. Si son plumage est blanc, bien que sortant toute jaune du bain, elle est, au bout de deux ou trois heures, de la plus parfaite blancheur. Il ne reste plus un pou sur elle.

Quand on est forcé d'opérer par temps froid ou en hiver, on laisse la poule quelques heures dans un panier à claire-voie auprès d'un bon feu flambant, ou non loin d'un poêle bien chauffé. Il n'en résulte jamais d'accident. A défaut de bains, on peut employer les vapeurs sulfureuses. La poule est enfermée dans une boîte dite *épouilleuse* avec une porte à double coulisse lui maintenant la tête au dehors. Au-dessous de la boîte on fait brûler de la fleur de soufre dont un conduit spécial amène toutes les vapeurs à l'intérieur. Au bout de dix à quinze minutes, on peut lâcher la patiente et on constate que le fond de la boîte est jonché de poux, démesurément enflés et asphyxiés. Il n'en reste pas un sur la poule.

XXV. — Races en général.

Origine. — Valeur relative. — Classification.

GÉNÉRALITÉS. — CE QU'ON ENTEND PAR « RACE LOCALE ». RACES D'OCCIDENT. — RACES D'ORIENT. — QUELQUES RACES FRANÇAISES. — RACES D'EUROPE. — FUSION DES RACES.

On dénomme race une famille d'un type défini, dont la forme, la taille et les caractéristiques spéciales se reproduisent avec régularité. Chaque région, chaque province presque, possède une race en rapport avec son climat, son sol, et même avec les besoins de sa population. Conservée par tradition ou par habitude, elle y constitue ce qu'on peut appeler une race locale, parfaitement acclimatée et donnant son maximum de production.

Malgré le nombre très élevé des espèces anciennement connues, dont l'origine remonte à une date fort éloignée, il s'en crée chaque jour de nouvelles par voie d'alliance de deux anciennes de types différents, donnant un produit moyen, auquel on ne saurait refuser le nom de race, du moment qu'au bout d'un certain nombre de générations il se reproduit avec une grande régularité.

Les représentants de l'espèce poule se divisent en deux branches principales : celle d'Orient et celle d'Occident. Cette dernière, depuis bien longtemps connue, intéresse particulièrement les pays d'Europe, et tout spécialement la France, l'Italie, la Belgique, l'Angleterre. Elle comprend les poules que tout le monde connaît, puisque ce sont celles qui peuplent en majorité nos basses-cours ; poules à tempérament un peu lymphatique, à peau blanche, et par conséquent à chair fine; bonnes pondeuses d'œufs à coquille blanche.

Les races d'Orient et surtout d'extrême Orient, originaires des Indes, de la Chine et du Japon, importées sérieusement en Europe depuis un siècle à peine, bien qu'elles y fussent connues longtemps auparavant, sont de nature tout opposée à celles d'Occident. Elles ont tempérament sanguin, peau et pattes jaunes, chair peu fine, donnent des œufs à coquille fortement teintée, brune ou violacée, moins gros que les œufs blancs. Elles sont d'aspect plus rude, moins fin, moins harmonieux, mais excellentes couveuses. La fusion des deux qualités a donné de très bonnes moyennes, qualifiées races aujourd'hui et classées dans la branche occidentale, puisque c'est en Europe qu'elles ont été obtenues. Cette fusion judicieusement pratiquée pourra encore en produire d'autres, et non des moins bonnes. Les races d'Occident, de beaucoup les plus nombreuses, se subdivisent à leur tour en françaises, belges, anglaises, italiennes, allemandes, hollandaises, russes, espagnoles. Beaucoup n'ont pas de nationalité bien déterminée ; voici cependant la classification généralement adoptée :

Pour la France : *Houdan, Mantes, Barbezieux, La Flèche, Le Mans, Courtes-pattes, Bresse, Caussade, Coucou de Rennes, Faverolles, Gâtinaise, Gournay, Crèvecœur, Caumont, Pavilly, Gasconne, Coucou des Flandres, Contres, Bourbonnaise, Noires du Berry, Bourbourg, Estaires, Grand combattant du Nord, Ardennaise* (cette dernière commune à la Belgique);

Pour la Belgique : *Braekel, Malines, Barbus nains, Campine, Combattant de Bruges, Brabançonne, Herve, Ardennaise* (cette dernière commune à la France);

Pour la Hollande : *Bréda, Hollandaise, Frisonne ;*

Pour l'Allemagne : *Hambourg, Elberfeld, Cou-nu ;*

Pour la Russie : *Poltava, Cosaque ;*

Pour l'Italie : *Leghorn* ou *poule de Livourne*, ou plus simplement *Italienne, Ancône* et *Padoue*. Ces dernières sont surtout détenues par les amateurs anglais et hollandais;

Pour l'Espagne : *Andalouse, Espagnole, Minorque, Castillane*. Les deux premières, malgré leur nom, sont tout à fait accaparées par l'Angleterre, qui les a amenées au maximum de perfection, et ne se rencontrent guère en Espagne, où la poule la plus commune est l'Italienne ou la Caussade française ;

Pour l'Angleterre : *Dorking, Grands combattants, Bantam, Combattants nains, Orpington ;*

Et des fabrications américaines ayant maintenant droit de cité en Angleterre : *Leghorn, Plymouth-Rock, Wyandotte.*

L'Angleterre a également fait siennes, par acclimatement et par une culture aussi soignée que minutieuse, toutes les races d'extrême Orient, que l'on y trouve maintenant plus perfectionnées, plus belles, plus développées que dans leur pays d'origine.

Le nombre des représentants de la branche d'extrême Orient est beaucoup plus réduit. On ne compte guère que huit grandes familles, subdivisées, il est vrai, en un assez grand nombre de variétés.

Ces huit familles sont : *Brahma Pootra, Cochinchinoise, Langshan, Indienne, Malaise, Yokoama, Phœnix, Nagasaki.*

Toutes ces races ont la patte jaune, sauf les Langshan, qui l'ont gris bleu foncé et qui, malgré l'origine bien chinoise, indiquée par leur nom, région où se joignent la montagne Lang et la montagne Shan, pourraient bien être une fabrication anglaise très réussie, et se classer, par le fait, tout aussi bien en Occident qu'en Orient.

La fusion des deux sangs a déjà fourni quantité de races cotées en Europe et, notamment, les trois plus fameuses, qui, chacune en son pays, tiennent sur les marchés une place des plus importantes. Ce sont : en France, les Faverolles ; en Belgique, les Malines ; et, en Angleterre, les Orpington.

XXVI. — Croisements en général. Croisements rationnels.

CE QU'EST UN CROISEMENT. — CAS OU UN CROISEMENT EST AVANTAGEUX. — QUALITÉS ET DÉFAUTS DES RACES D'OCCIDENT, DES RACES D'ORIENT. — RÉSULTATS DE LA FUSION DES DEUX SANGS. — RACES AMÉLIORANTES. — QUALITÉ A RECHERCHER POUR LES CROISEMENTS. — PRÉCAUTIONS A PRENDRE.

Le mot croisement, en élevage, signifie : union d'un mâle d'une race avec une femelle d'une autre. Dans le genre poule, tous les croisements donnent des produits féconds, c'est-à-dire susceptibles de se reproduire. Il n'en est pas de même dans toutes les espèces, où les croisements donnent des mulets, c'est-à-dire des animaux inféconds, incapables de se reproduire entre eux par la suite.

Ainsi, l'accouplement d'un âne et d'une jument donne un mulet; de même, celui de la poule et du faisan, du canard de Barbarie avec la cane ordinaire, du chardonneret et de la serine, pour n'en citer que quelques cas.

Cette particularité n'existant pas entre poules, même d'espèces les plus différentes, on use et on abuse des croisements. Ceux-ci, d'ailleurs, se produisent spontanément, au hasard et sans que personne y prenne garde. C'est ainsi qu'est peuplée un peu partout la majorité des basses-cours, de bêtes sans type défini, désignées sous le nom de poules de ferme, affectant toutes les formes et toutes les couleurs et donnant un rendement moyen très satisfaisant et de fort peu inférieur à celui que donnerait la race pure locale judicieusement entretenue. Cependant, on peut poser en principe que le croisement entre races de même origine et de qualité équivalente est, sinon mauvais, au moins tout à fait inutile. Il ne peut donner qu'une bête sans valeur propre, parce qu'elle n'appartient à aucune race fixe et ne se reproduit qu'avec irrégularité.

Un croisement ne peut être avantageux, et, par suite, n'est rationnel que s'il modifie, en y ajoutant une qualité qui lui faisait défaut, la forme ou le tempérament d'un animal. Dans cet ordre d'idées, les races d'Occident et celles d'Orient, étant de type et de tempérament tout à fait opposés, il y a tout intérêt à les croiser l'une avec l'autre, pour tâcher d'ajouter à l'une certaines des qualités de l'autre. Il n'y a, au contraire, rien à gagner à les croiser entre elles-mêmes.

Les races occidentales, auxquelles nous sommes habitués, possédant à peu près toutes les qualités correspondantes à nos besoins, c'est-à-dire *chair fine*, précocité, aptitude à l'engraissement, ponte abondante, ont cependant, pour la plupart, un défaut capital : elles manquent de poids et de volume ; de plus, elles ont le tempérament un peu délicat et sont généralement médiocres couveuses.

Les races orientales possèdent fort peu des qualités ci-dessus, mais elles n'ont aucun de ces défauts. Si leur chair est sensiblement moins fine et moins blanche, leur ponte moins abondante, leur aptitude à l'engraissement inférieure, par contre, elles ont tempérament robuste et sanguin, volume énorme, et sont couveuses exceptionnelles. Le mélange des deux sangs ne peut évidemment se faire sans atténuer un peu les qualités de chacun des participants, mais la moyenne obtenue est des plus satisfaisantes, d'autant plus que l'expérience démontre que bien des qualités subsistent à peu près intactes, surtout quand les races d'extrême Orient sont alliées à des races indigènes d'origine très ancienne et bien pure. Dans ce cas, au premier accouplement, nos poules occidentales donnent un produit de taille et de poids bien supérieur à elles-mêmes, plus facile à élever, et très rustique. La patte jaune orientale, qui pour nous est un défaut, quoique ce soit, en Espagne et en Amérique, une qualité particulière, disparaît presque complètement; l'aptitude à l'incubation devient suffisante. Bref, il y a gain sensible dans l'ensemble de la valeur.

Parmi les races orientales, il y en a surtout deux que l'on pourrait qualifier d'améliorantes par excellence : ce sont les Brahma et les Indiens. C'est de leur croisement que découlent presque toutes les volailles réputées les meilleures pour la consommation. Telles sont, en France, les Faverolles, produit du coq Brahma, de l'ancien type à crête simple, avec la poule de Houdan; les Bourbonnais, produit du Brahma et de la Bresse; les Bourbourg, produit du Brahma et de la Coucou des Flandres.

En Belgique, la Coucou de Malines produit du Brahma et de la Brackel.

En Angleterre, une poule énorme et excellente, inondant les marchés, produit de l'Indien et de la Dorking. La Plymouth-Rock produit du Brahma et de la Coucou d'Écosse. L'Orpington, la Wyandotte, ayant un peu de tous les sangs mélangés, sont finalement splendides et bons.

Les Malais, dont l'analogie avec l'Indien est frappante, et

les Cochinchinois, proches parents des Brahma, conviennent aussi pour des croisements.

Toutes nos poules françaises, excellentes en soi, sauf défaut de poids, peuvent produire des poussins d'un tiers plus lourds qu'elles, plus faciles à élever et aussi fins, par leur alliance à un coq Brahma ou à un Indien, suivant les goûts de l'éleveur. Les œufs qu'elles produiront peuvent contenir de ces poussins, si on leur donne le coq choisi, trois semaines avant la mise en incubation de ces œufs.

Il n'y a pas lieu, avec ces produits, de chercher à constituer une race nouvelle. Comme l'expérience peut se recommencer chaque année, il y a tout avantage à conserver, dans toute sa pureté, la race locale avec son maximum de qualités propres et à envoyer au marché, où la vente en sera avantageuse, tous les produits de croisement.

Naturellement, le choix du coq Indien ou du Brahma demande quelque tact. Il est inutile de rechercher un lauréat d'exposition. Les qualités à exiger, bien avant le dessin des plumes et la perfection de la crête, sont la force, l'ampleur, la santé. Ainsi, un Brahma qui ne serait pas primé parce qu'il manquerait de plumes aux pattes sera parfait pour le croisement, s'il est grand, bien membré et vigoureux. Un Indien dont le plumage sera mal marqué, dont la queue sera trop forte, la crête trop pendante, pourra être excellent, s'il a de fortes pattes et si sa poitrine est très large.

Par conséquent, ce ne sont pas les oiseaux de grand prix qui conviennent le mieux; ce sont ceux qui possèdent au maximum les qualités que l'on désire voir prédominer dans les produits : vigueur, force et ampleur.

Tout en produisant ces croisements avantageux pour le marché, l'éleveur sérieux agira sagement en sélectionnant un parquet de race locale très pure et en élevant chaque année un certain nombre de poules n'ayant aucune infusion de sang étranger, en vue de la production de croisements l'année suivante.

XXVII. — Principales races de poules françaises (description sommaire).

HOUDAN. — FAVEROLLES. — MANTES. — LA FLÈCHE. — CAUMONT. — BRESSE. — COUCOU DE RENNES. — ARDENNAISE.

Houdan (*pl.* IV). — Taille assez forte, plumage caillouté, noir et blanc. Tête garnie d'une forte huppe avec gorge et favoris. Crête : deux coquilles dentelées juxtaposées. Barbillons très courts perdus dans les favoris. Patte marbrée : fond gris rosé avec taches noirâtres, en rapport avec le plumage; à cinq doigts, dont les quatrième et cinquième adhérant directement au canon de la patte et bien détachés l'un de l'autre. Très mauvaise couveuse. Chair fine. Assez rustique en terrain sec et sablonneux. Craint l'humidité.

Faverolles (*pl.* IV). — Très forte taille, le maximum. Plumage du coq : plastron noir parsemé de gris; camail et couverture du dos, argenté mêlé de brun; queue peu développée et noir vert, souvent mélangée de gris. Plumage de la poule, roux clair saumoné, camail mélangé de nuance plus foncée. Crête simple, pas trop haute, sans trace de huppe, gorge et favoris très développés, barbillons presque nuls, donnant une physionomie particulière dénommée « tête de hibou ». Patte légèrement emplumée, sans manchettes ni bouffants aux cuisses, quatre ou cinq doigts, de préférence cinq. Rustique, précoce, lourde, assez fine, excellente couveuse, œufs teintés rosés. Constitue un des gros appoints de l'approvisionnement des Halles de Paris.

Mantes (*pl.* V). — La meilleure de toutes les poules de produit. Forte taille, plumage caillouté noir et blanc; pas de huppe, crête simple dentelée, tombante chez la poule; grosse gorge de plumes et gros favoris; patte à quatre doigts, sans plumes, gris clair rosé marbré de noir. Couveuse médiocre, bonne pondeuse d'œufs à coquille blanche. Très précoce, chair fine, grande aptitude à l'engraissement.

Provient d'un croisement, remontant à cinquante ans environ, du coq Brahma à crête simple avec la poule de Houdan, sélectionné dans le sens de la race la plus fine, la Houdan, tandis que les Faverolles, de même origine, ont été sélectionnées dans le sens le plus fort, celui du Brahma.

La Flèche (*pl.* V). — Taille élevée, forme élancée, plumage uniformément noir, pattes gris bleu. Tête caractéristique avec bec fort, recourbé, narines ouvertes et crête en forme de deux petites cornes, avec petit bouton devant les narines; barbillons assez longs et développés, oreillons blancs. Sur le crâne, en guise de huppe, un petit épi de plumes courtes, peu accentué.

Chair d'une finesse extrême. Tempérament un peu délicat, développement lent. Difficile à élever en terrain humide. A l'âge adulte prend l'engraissement de façon exceptionnelle, pond de beaux œufs blancs, couve mal.

La poule du Mans, toute semblable, en diffère seulement par la crête forte et frisée.

Caumont (*pl.* VI). — La poule par excellence des prairies de Normandie; forte taille, forme bien proportionnée, plumage noir, patte gris bleu. Tête ornée d'une crête simple sur le devant et terminée à l'arrière par une petite corbeille dentelée; petit rudiment de huppe plate à l'arrière de la crête. Barbillons assez longs, oreillon blanc nacré. Le coq a une forte queue à reflets verts. Chair très fine; précoce, facile à élever, ponte abondante de gros œufs blancs. Couveuse modérée, grande aptitude à l'engraissement.

Voisine de la Crèvecœur et analogue à elle, possède, sur cette dernière, le grand avantage de ne pas avoir sa huppe énorme et sa large gorge, ornements très gracieux, mais peu pratiques en terrains humides.

Bresse (*pl.* VI). — Petite poule noire excessivement fine, de forme élégante, vive d'allure, crête simple dentelée, modérément développée. Œil noir saillant, oreillon rond très blanc, patte gris bleu. Excellente pondeuse de gros œufs blancs. Mauvaise couveuse. Chair de finesse exceptionnelle. Aptitude remarquable à l'engraissement.

Il existe trois variétés de Bresse : la noire dite de Louhans, la grise dite de Bourg, et la blanche dite « de Bény ». — La grise est un peu plus forte que la noire, et la blanche encore plus forte que la grise.

D'élevage facile en liberté.

Coucou de Rennes (*pl.* VII). — Très répandue en Bretagne. Taille au-dessus de la moyenne, forme un peu enlevée. Plumage coucou, c'est-à-dire plumes à fond gris barrées de noir. Crête simple dentelée de dimension moyenne. oreillon rouge, pattes rosées avec marbrures gris foncé. Assez bonne couveuse. Bonne pondeuse d'œufs de grosseur moyenne, à coquille blanche souvent légèrement teintée.

D'élevage facile en liberté. Vraie poule de ferme pour le pays. La même à plumage noir est assez commune dans la région sous le nom de poule de Janzé.

Ardennaise (*pl.* VII). — Appartient autant à la Belgique qu'à la France. Est une des races qui se rapprochent le plus du type primitif. Rappelle l'ancien coq gaulois, des clochers et des images. De taille moyenne, plutôt petite. La poule a un plumage se rapprochant de celui de la perdrix. Le coq a plastron noir, manteau rouge doré, queue volumineuse à faucilles longues, vert métallique. Précoce, rustique, d'élevage facile, c'est une des races dont l'entretien demande le moins de soins et qui s'accommode de tous les régimes.

Elle peut presque vivre à l'état sauvage.

Deux variétés : une dorée, une argentée.

XXVIII. — Autres races françaises (description très sommaire).

CRÈVECŒUR. — LE MANS. — BARBEZIEUX. — COURTES-PATTES. — CAUSSADE. — GATINAISE. — GASCONNE. — GOURNAY. — PAVILLY. — BOURBONNAISE. — NOIRE DU BERRY. — BOURBOURG. — ESTAIRES. — GRAND COMBATTANT DU NORD. — COUCOU DES FLANDRES.

Crèvecœur. — Forte, noire, huppe, gorge et favoris. Petite crête en forme de cornes. Très fine, assez délicate, patte bleue. Ne couve pas. Une des races les plus effectivement françaises.

Le Mans (*pl.* VIII). — Forte, assez enlevée, noire, crête frisée, patte grise. Très fine, pas très précoce, médiocre couveuse. Très bonne dans la Sarthe. Fait d'excellents chapons.

Barbezieux. — La plus forte et la plus grande des races françaises. Noire, crête simple dentelée. Patte gris bleu, oreillon blanc. Développement assez lent. Pas très rustique hors de son pays.

Courtes-pattes (*pl.* VIII). — L'extrême contraire. Corps en bateau, assez gros sur des pattes si petites que le ventre semble toucher à terre. Noire, crête simple, oreillon blanc.

Caussade. — La poule du Midi. Petite, vive, alerte, noire, crête simple dentelée, pattes verdâtres. Précoce, rustique, bonne pondeuse d'œufs relativement gros pour sa taille.

Gâtinaise. — Poule blanche du Centre. Forte, crête simple, patte rose fine, précoce, rustique, vraie poule de ferme et de produit.

Gasconne (*pl.* IX). — Région Sud-Ouest. Noire, taille moyenne, crête simple, oreillon rouge ou sablé, rustique, précoce, assez fine, moyenne couveuse. Bonne pondeuse.

Gournay. — Taille moyenne; noire et blanche, crête simple, patte rose marbrée, bonne pondeuse, fine, précoce, élevage facile, surtout en prairies.

Pavilly. — Noire de Normandie, taille au-dessus de la moyenne, crête simple ou frisée, petite huppe. Très fine, rustique, précoce, gros œufs blancs.

Bourbonnaise. — Très forte, blanche, avec camail et queue noire, crête simple, patte rose, très rustique, précoce. Bonne couveuse, œufs légèrement teintés.

Noire du Berry. — Assez forte, noire, crête simple, oreillon rouge, patte bleue. Rustique, précoce, couveuse moyenne. Bonne pondeuse, œufs blancs.

Bourbourg. — Poule du Nord, de création moderne, forte, blanche avec camail et queue noirs; crête simple, pattes roses, légèrement emplumées, rustique. Très bonne couveuse, œufs teintés.

Estaires. — Région Nord. Noire, forte, crête simple, oreillon rouge, patte bleue un peu emplumée, rustique, bonne couveuse, œufs teintés.

Grand combattant du Nord. — Localisée dans le Nord et cultivée spécialement pour les combats de coqs. Forte crête simple, patte jaune. Poule, plumage perdrix; coq, plastron noir, manteau rouge doré.

Coucou des Flandres (*pl.* IX). — Très commune en Picardie et dans le Nord. Taille moyenne, plumage coucou clair, crête simple, commune d'allure mais très rustique, précoce, bonne pondeuse, couveuse médiocre. Bonne poule de ferme en son pays.

Noire de Touraine. — Tout nouvellement reconstituée. Un peu semblable à celle du Berry. Noire, assez forte, patte grise, crête simple, œufs blancs.

XXIX. — Principales races de poules étrangères (description sommaire).

BRAHMA POOTRA. — INDIENNE. — MALAISE. — COCHINCHINOISE. — DORKING. — LANGSHAN. — ORPINGTON. — WYANDOTTE.

Brahma Pootra (*pl.* X). — Le type actuel des Brahma est fort différent de celui des premiers Brahma importés en Europe et qui ont, par leur croisement avec les races indigènes, donné, vers 1850 environ, naissance à quantité de produits qualifiés races aujourd'hui.

Ces Brahma étaient énormes, de forme enlevée, avaient moins de plumes aux pattes et portaient la crête simple. Actuellement, complètement transformés par la fantaisie des amateurs anglais, ils ont forme de boule, des bouffants très accentués et des plumes aux pattes démesurées. Leur crête, dite fraise, très petite, à peine saillante, est formée de trois petits lobes parallèles, dans le sens de la longueur, et à peine dentelés.

Il y a deux variétés, l'herminée et la foncée, ou inverse (*Dark*, suivant le terme anglais).

L'herminé est blanc avec lancettes du camail et lancettes de la queue noires, bordées de gris blanc. La queue est noir vert : les plumes des pattes, moitié blanches, moitié noires. Dans la variété foncée, le coq est l'inverse de l'autre et a poitrail noir et dos argenté, queue noire ; plumes des pattes noires. La poule est grise avec plumes très régulièrement striées de gris clair.

On trouve, dans la variété foncée, des coqs encore plus forts que dans l'herminée. La poule Brahma est une des plus ornementales que l'on puisse avoir. Excessivement rustique, elle peut comme toute autre donner un bon produit, tenue en grand liberté. Elle pond suffisamment des œufs très bruns. C'est la meilleure et la plus précoce des couveuses, et c'est avec elle qu'on obtient parfois des couvées en janvier ou février. C'est aussi la race améliorante par excellence, pour les croisements avec les races occidentales manquant de taille et d'ampleur.

Indienne. — Une des races de poules les plus originales et d'un type tout différent des autres. A première vue l'Indien paraît mince, parce qu'il a les plumes collées au corps sans aucun bouffant. C'est cependant un des plus lourds parmi tous ses congénères. Sa principale particularité est d'avoir les pectoraux excessivement développés. Or, dans un poulet, la chair qui garnit l'estomac, le blanc, étant le morceau le plus recherché, cette qualité est des plus intéressantes. De ce fait, le croisement avec nos poules indigènes est des plus avantageux.

L'Indien, au bec court et crochu, un peu comme un oiseau de proie, à l'œil féroce, avec petite crête en forme de fraise et barbillons très courts, est monté sur de fortes pattes jaunes et présente une poitrine large dont les ailes s'écartent dans le haut pour se resserrer du côté de la queue. La queue étroite et assez courte est pendante, suivant à peu près la ligne du dos. Son plastron est noir vert, son manteau brun à reflets métalliques.

La poule est brune avec toutes les plumes maillées de noir, d'une régularité absolue. Elle est couveuse et mère excellente, capable de défendre ses poussins contre un ennemi bien plus fort qu'elle. Les œufs sont assez petits et très bruns.

L'Indien n'est pas très précoce, mais son tempérament est tellement robuste, que ses produits avec nos poules indigènes s'élèvent rapidement et avec la plus grande facilité.

Malaise (*pl.* X). — A peu près semblable à l'Indien. Un peu plus enlevé; atteint parfois une taille supérieure; en diffère surtout par la crête, qui n'est qu'un petit bourrelet de chair, et par le plumage, qui est marron uni au lieu d'être maillé. Est considéré comme moins rustique à l'élevage que l'Indien et, pour cette raison, est moins employé pour les croisements. Est cependant très bon.

Cochinchinoise (*pl.* XI). — Appelés ordinairement Cochins ou encore poules de Shang-Haï. Peuvent être considérés comme la plus belle production d'extrême Orient. Très chargés de plumes, de forme absolument ronde, de volume énorme. N'ont presque pas de queue, les poules surtout. Pattes jaunes excessivement emplumées. Crête simple, dentelée, petite. Caractère doux et familier. Couvent en tout temps, plutôt à l'excès. Pondeuses médiocres, d'œufs violacés, petits relativement à leur taille.

Quatre variétés : fauve, blanche, noire, perdrix, toutes très ornementales. La variété fauve est la plus répandue, mais peut-être la plus difficile à obtenir avec une régularité parfaite de teinte, sans plumes blanches et sans plumes noires aux ailes ou à la queue.

Dorking. — La meilleure des poules anglaises. Très grosse, fine de chair, d'engraissement facile, bonne couveuse, pondeuse moyenne d'œufs blancs légèrement rosés, elle est en même temps de très bel aspect.

Le coq, de forme allongée, plutôt bas sur pattes, portant la queue plus basse que haute, a de fortes proportions. Il a poitrail noir et queue volumineuse, noir vert, manteau argenté clair, crête droite simple, dentelée, assez développée, grands barbillons, oreillons rouges ou nacrés. Patte blanc rosé à cinq doigts, dont le quatrième et le cinquième bien détachés et partant du canon de la patte, le cinquième plus long que le quatrième.

La poule a un plumage gris rappelant celui de la perdrix, avec collerette grise à rayure noire et plastron couleur saumon.

Le Dorking s'élève facilement en grande liberté, sans cependant avoir la précocité de quelques races françaises, dans le nord et l'ouest de la France ; au-dessous du Centre, vers le Midi, il réussit moins bien.

Il y a une variété, dite foncée (en anglais, *coloured*), dans laquelle on trouve des sujets encore plus forts. Enfin une troisième, blanche, beaucoup moins répandue, dont la crête est frisée.

La variété la plus commune, en France surtout, est l'argentée, décrite plus haut.

Langshan. — Grande et forte poule d'origine indo-chinoise. Diffère sensiblement des autres races d'Orient par les pattes qui sont bleues au lieu d'être jaunes et légèrement garnies de plumes. Forme enlevée, plumage noir à reflets verts, tellement accentués que l'on pourrait le qualifier vert. Queue de dimension moyenne. Crête simple dentelée plutôt petite, oreillon rouge, œil noir. Très bonne couveuse, pondeuse ordinaire d'œufs brun violacé. Chair beaucoup plus fine que les Cochins. N'est pas difficile à élever, mais est assez longue à arriver à son parfait développement. Importée et spécialement cultivée en Angleterre par le major Croad, est souvent désignée sous le nom de Langshan Croad.

Depuis quelques années les Anglais ont créé un nouveau type, désigné sous le nom de Langshan type anglais, démesurément haut sur pattes. C'est une fantaisie qui n'a pas beaucoup raison d'être et pourrait ne pas durer.

Orpington (*pl.* XI). — Fabriquée de toutes pièces par les Anglais, et lancée par eux au commencement du siècle, est devenue un peu partout la race la plus à la mode. Faite du Langshan et du Brahma et de plusieurs autres éléments, savamment et longuement sélectionnés, l'Orpington est, en effet, une très belle et bonne poule dont l'engouement de ses amateurs a peut-être un peu surfait la valeur réelle. Sa forme est absolument ronde; si l'on supprimait la tête, les pattes et la queue d'un coq bien fait, il ne resterait qu'une boule.

Crête simple, dentelée, de petite dimension, patte bleue sans aucune plume, oreillon rouge, œil foncé.

La première variété fut noire ou plutôt verte, puis vint la fauve et ensuite la blanche, ces dernières avec pattes blanc rosé. Depuis, toutes les variétés imaginables ont été créées, mais la noire reste toujours la plus belle.

L'Orpington est très bonne couveuse, bonne pondeuse d'œufs teintés de brun, et sa chair est assez fine. Elle est assez précoce et de bon tempérament.

Wyandotte (*pl.* XII). — Fabrication américaine tenant du Plymouth Rook, du Hambourg et de plusieurs croisements différents. Adoptée aussitôt par les Anglais et lancée un peu partout avec succès. Et c'était justice, car c'est une ravissante et excellente poule. Elle n'a qu'un défaut pour la France (et ce n'en est pas un en Amérique), c'est d'avoir les pattes jaunes. De bonne taille au-dessus de la moyenne, elle est de forme ronde, avec queue peu développée. Crête plate à peine frisée se terminant à l'arrière par une petite pointe retombant sur le cou, oreillons rouges, pattes jaunes sans plumes. Le plumage est uniquement composé de plumes blanches ou chamois foncé bordées d'un liséré noir, suivant qu'il s'agit de variété argentée ou dorée.

Il y a aussi des unicolores blanches, des noires très estimées et des variétés de toutes nuances.

La Wyandotte est excellente pondeuse, d'œufs moyens violacés. Elle est très bonne couveuse, très précoce et très rustique.

Minorque (*pl.* XII). — Type le plus parfait des races méditerranéennes; mais, malgré son nom la rattachant à l'Espagne, ne se trouve qu'en Angleterre, où elle a été amenée à un point de perfection rare et où elle est considérée comme une excellente poule de ferme.

Grande, bien découplée, de forme harmonieuse et bien proportionnée, la Minorque, au plumage entièrement noir, se distingue surtout par le développement de sa crête, simple, droite et bien dentelée. Chez le coq, cette crête aux pointes longues se termine à l'arrière en une courbe suivant la ligne du cou; chez la poule, elle est pendante et cache généralement un œil. Les barbillons du coq sont très longs. On voit des crêtes de poule couvrir entièrement la main d'un homme. L'oreillon, en forme d'amande, est d'un beau blanc mat; patte sans plumes gris bleu.

La poule Minorque est réputée pour pondre les plus gros œufs et pour les donner très abondants.

Elle est très médiocre couveuse; sa chair est fine. Elle est assez précoce; son élevage est facile en liberté. Il y a une variété blanche.

XXX. — Autres races étrangères
(description très sommaire).

BELGIQUE : CAMPINE — BRAEKEL — MALINES — BRABANÇONNE — COMBATTANT DE BRUGES — HERVE — BARBUE NAINE. — HOLLANDE : HOLLANDAISE — BRÉDA. — ALLEMAGNE : HAMBOURG PAILLETÉE ET CRAYONNÉE — ELBERFELD — COU-NU. — RUSSIE : POLTAWA — COSAQUE. — ITALIE : LEGHORN — ANCONE — PADOUE. — ESPAGNE : ANDALOUSE. — ANGLETERRE : GRANDS COMBATTANTS — PETITS COMBATTANTS — BANTAM — LEGHORN — PLYMOUTH ROCK. — ORIENT : NAGASAKI — YOKOAMA — PHŒNIX.

RACES DE BELGIQUE

Campine. — Petite, élégante, vive. Plumage formé de plumes blanches barrées de noir très régulièrement, camail blanc. Crête simple dentelée, œil noir, patte bleue. Excellente pondeuse; chair fine, très précoce; rustique; aime la liberté.

Braekel (*pl.* XIII). — La même que la précédente exactement, de plus forte taille.

Malines (*pl.* VIII). — L'équivalent de la Faverolles française. Maximum de taille, de volume et de poids. Fournit tous les poulets de consommation pour Bruxelles et pour l'exportation. Plumage coucou, plumes grises à barres noires; crête simple, peu dilatée, pattes roses légèrement emplumées; chair fine, aptitude à l'engraissement, ponte moyenne, œufs teintés, bonne couveuse, précoce et rustique.

Brabançonne. — Petite poule légère et vive de toutes couleurs, crête simple avec toute petite huppe, oreillons petits, arrondis et blancs. Patte fine, lisse, bleu de plomb, ongles blancs, queue bien fournie. Très rustique, très précoce et d'élevage facile en liberté. Excellente pondeuse.

Combattant de Bruges. — Le plus grand et le plus fort de tous les coqs. Tête caractéristique par son expression sauvage. Petite crête, patte bleue sans plumes. Attitude enlevée, queue basse. Plumage bleu ou noir, avec manteau doré ou brun chez le coq. Élevage lent et assez délicat. Médiocre pondeuse, bonne couveuse.

Herve. — Petite poule noire très rustique et précoce, excellente pondeuse, pas couveuse, faite pour vivre en liberté, presque sans soins.

Barbue naine. — Poule minuscule et très originale, remise en honneur depuis peu d'années en Belgique et très répandue. Caractérisée par une épaisse cravate de plumes avec favoris; petite crête frisée. Il y en a de toutes les nuances et de tous les plumages imaginables, et aussi sans plumes aux pattes et avec plumes. Pondeuse et couveuse remarquables.

RACES DE HOLLANDE

Hollandaise. — La plus élégante de toutes les poules. Petite, forme gracieuse. Plumage noir, forte huppe toute blanche, sans gorge ni favoris. Pas de crête. Petits barbillons, patte grise. Ponte moyenne de petits œufs blancs; ne couve pas. Passe pour très délicate et ne l'est pas en réalité. Il y a une variété à plume bleue et huppe blanche. On cherche à créer une variété blanche à huppe noire.

Bréda. — Taille moyenne. Plumage uni, noir ou bleu, ou coucou, caractérisée par une tête courte, avec bec long surmonté de narines très saillantes et très dilatées. Petite crête en cornes et petit épi de huppe à l'arrière; surnommée tête de corneille. Qualités moyennes.

RACES D'ALLEMAGNE

Hambourg : *Variété pailletée.* — Une des plus jolies poules, surnommée « poule pond tous les jours ». Est, en effet, excellente pondeuse et pas couveuse. Taille à peu près moyenne. Caractérisée par des plumes qui sont toutes terminées par un pois noir, et par sa crête frisée assez forte, terminée en une longue pointe, et son oreillon très blanc. L'argentée a plumage blanc, la dorée plumage marron, avec pois noirs. Il y a une variété noire, ou plutôt verte par ses reflets, sur les plumes de laquelle on sent aussi le pois d'un noir différent.

Variété crayonnée. — La même, ayant, au lieu de pois sur les plumes, des barres transversales très régulières, formant un dessin ravissant. Il n'y a que deux variétés : argentée et dorée.

Elberfeld ou *Chanteur des montagnes*. — Taille moyenne, plutôt au-dessus; fond du plumage marron, taches noires, crête simple dentelée, pattes bleues, queue noir vert. Bonne poule de ferme, excellente pondeuse. Rustique, précoce.

Le coq a un chant très prolongé.

Trois variétés : dorée, argentée, noire.

Cou-nu. — Originaire de la Transylvanie (province de l'Autriche-Hongrie). A cette particularité, tout à fait originale, de manquer de plumes sur toute la longueur du cou, sauf une petite touffe formant cravate à la base. La peau du cou, toujours exposée à l'air et au soleil, est rouge sang. Forte poule, de tous plumages. Crête généralement simple. Rustique, réputée excellente pondeuse, bonne chair. On a produit dernièrement, dans les expositions, des combattants énormes, genre Malais, dits dénudés de Madagascar, ayant le cou nu et même une partie du ventre. Cette particularité du cou dénudé se reproduisant très bien, a pu, par croisement et par sélection, donner ces produits.

RACES RUSSES

Poltava. — Petite poule commune du bord de la mer Noire. Très rustique, excellente pondeuse, patte verte, crête simple. Tous plumages. Ressemble beaucoup à l'Italienne.

Cosaque. — Forte taille. Caractérisée par la gorge et les favoris, mais sans huppe. Plumage de toutes nuances, le plus souvent marron. Donne de gros œufs, un peu teintés. Couve bien.

RACES ITALIENNES

Italienne ou *Leghorn*. — Poule commune du pays. Taille au-dessous de la moyenne, excessivement rustique et prolifique. Chair médiocre. Très précoce, peu couveuse, plumage de toutes nuances. Grande crête simple dentelée. Pattes le plus souvent jaune verdâtre, parfois bleues. Est exportée, par wagons entiers, un peu partout, comme pondeuse, et tout particulièrement en Suisse et en Belgique.

Perfectionnée par les Anglais sous le nom de Leghorn.

Ancône. — La même que la précédente, un peu plus forte, en plumage caillouté noir et blanc.

Padoue (*pl.* XIV). — Poule de luxe : uniquement cultivée pour son plumage. Très forte huppe avec gorge et favoris. Toutes plumes lisérées de noir. Absence complète de crête et de barbillons. Pattes bleues. Trois variétés principales : argenté : fond blanc, liséré noir ; doré : fond roux, liséré noir ; chamois : fond chamois, liséré blanc. Il y a aussi une variété unicolore blanche, une noire et une herminée, c'est-à-dire blanche avec camail et queue noirs.

Malgré leur nom, la vraie production des Padoue se trouve surtout en Angleterre, en Hollande, et aussi en France.

RACES ESPAGNOLES

Espagnole (*pl.* XIV). — Encore une race accaparée par l'Angleterre. Originale à l'excès. Taille assez forte, plumage noir, patte grise, crête simple dentelée. Caractérisée par des oreillons blancs d'une telle dimension qu'ils envahissent toute la tête et s'étalent sur les côtés du cou, se prolongeant au-dessous des barbillons qu'ils recouvrent presque. Passe pour délicate et ne l'est pas. Bonne pondeuse de très gros œufs blancs. Ne couve guère.

Andalouse. — Émigrée aussi en Angleterre. Diffère sensiblement de l'Espagnole. Taille assez forte, caractérisée par son plumage gris bleu, avec toutes les plumes bordées d'un liséré noir. Crête simple dentelée assez enlevée à l'arrière. Oreillon blanc de dimension moyenne. Ressemble beaucoup, sauf la couleur, à la Minorque.

Considérée comme pouvant faire une bonne poule de ferme, très bonne pondeuse de gros œufs blancs. Un peu délicate à l'élevage.

RACES ANGLAISES

Grand combattant. — L'ancien coq gaulois. Transformé au point d'être méconnaissable. Monté sur des pattes excessivement longues, son corps est presque perpendiculaire. Toutes les plumes sont collées au corps. La mode veut qu'on ne présente les coqs, dans les expositions, qu'avec la crête et les barbillons rasés, préparés comme pour le combat. Développement un peu lent. Assez rustique, la poule est moyenne pondeuse et couveuse; elle a les pectoraux très développés et peut, pour cette raison, faire une assez bonne poule de ferme. Il y a un grand nombre de variétés, dont les principales sont : doré, argenté et blanc. Le blanc a les pattes jaunes.

Petit combattant. — Le même, nain, excessivement élégant et très recherché des amateurs. Atteint des prix extraordinaires.

Bantam. — On désigne sous le nom de Bantam à peu près toutes les races naines ; cependant, l'usage l'applique plus particulièrement à ces ravissantes petites poules dont toutes les plumes, blanches ou marron, variété argentée ou dorée, sont bordées d'un très fin liséré noir. Plus le liséré est fin, à condition que toutes les plumes soient bordées, plus la bête a de valeur. Petite crête frisée, souvent noirâtre chez la poule, terminée en pointe à l'arrière. Le coq a une queue de poule, sans faucilles, dont toutes les plumes ont leur liséré. Pond assez bien, couve peu. Assez délicate à élever.

Il y a aussi les Bantam noirs, dit de Java, tout noirs, caractérisés par une crête frisée bien rouge, terminée très en pointe, et par un oreillon blanc très rond et très accentué. La queue du coq a de petites faucilles.

Les mêmes en blanc.

Leghorn. — L'Italienne transformée. Taille moyenne, pattes jaunes, crête simple à grandes dents, épaisse et très volumineuse, s'avançant jusqu'au-dessus du milieu du bec. Oreillons couleur de soufre. Deux variétés principales : dorée et blanche. Dans la dorée, le coq a : plastron noir, manteau rouge doré, queue longue et fournie noir vert. La poule a : plastron brique, manteau genre perdrix, grande crête pendante.

La variété blanche est sensiblement plus forte que la dorée.

Tempérament très rustique. Développement rapide. Élevage facile. Excellente pondeuse, mauvaise couveuse. Chair manquant de finesse. Il y a des variétés de toutes nuances.

Plymouth Rock. — Fabriquée en Amérique et poule de prédilection des Américains; se trouve surtout en Angleterre. De très forte taille, très rustique, facile à élever, chair de qualité moyenne. Excellente pondeuse et couveuse. Patte jaune de ton vif. Crète simple peu développée, portée droite chez la poule. Plumage coucou très régulier. Il y a quantité de variétés, dont notamment une fauve. C'est en Amérique la poule des grandes exploitations avicoles.

RACES D'ORIENT

Nagasaki (*pl.* XV). — Petit bijou japonais, la plus originale des petites poules que l'on puisse trouver. Sur un corps minuscule et des petites pattes jaunes très courtes, dissimulées par des ailes traînantes, une tête de gros coq avec grande crête simple dentelée, bien droite, et une queue portée verticalement, de grandeur démesurée, dépassant de moitié de sa longueur le niveau de la tête et touchant l'arrière de la crête. Il y a plusieurs variétés, dont la plus commune est l'herminée, plumage blanc, queue noire, lancettes du camail noir.

Pondeuse médiocre, couveuse merveilleuse. Caractère doux. Tempérament assez rustique. Assez délicate cependant à l'élevage.

Yokoama (*pl.* XV). — Poule japonaise rappelant la forme du faisan. Corps très allongé, tête fine, petite crête ni simple, ni frisée, barbillons courts, pattes jaunes; queue portée horizontalement. Le coq l'a tellement longue que l'extrémité de ses faucilles traîne à terre, ce qui donne à sa démarche un aspect des plus gracieux. Ponte moyenne, œufs violacés. Couveuse remarquable. Deux variétés principales : blanche à manteau rouge acajou et blanche unicolore.

Phœnix. — La même, de taille un peu plus petite et queue sensiblement plus allongée. La queue du coq Phœnix de trois à quatre ans atteint jusqu'à 2 mètres de longueur. Plusieurs variétés; la plus commune est l'argentée.

XXXI. — Principales variétés de Pintades et de Dindons.

PINTADES. — DINDONS : NOIR DE SOLOGNE — NOIR DE NORMANDIE — GRIS OU BRONZÉ — BLANC — FAUVE — GRIS PERLE OU BLEU — OCELLÉ — BRONZÉ D'AMÉRIQUE.

Pintades (*pl.* XVI). — Une seule race communément répandue, subdivisée en trois variétés principales ayant toutes mêmes caractères généraux. La grise est la plus commune : plumes à fond gris marquées de points blancs; la blanche, dont toutes les plumes sont également marquées de points blanc crème tranchant à peine sur le fond. On en trouve cependant, mais elles sont assez rares, à plumage blanc uni. Enfin la lilas, produit de la blanche et de la grise, à fond gris bleuté très clair et points blancs. On dit les blanches et les lilas plus délicates à l'élevage. Cela n'a rien de fondé, la différence est insignifiante. C'est cependant parmi les grises que l'on trouve généralement les plus fortes. Il existe un certain nombre de races de pintades tout à fait différentes des communes, notamment les Vulturines, mais ce sont des oiseaux de volière assez délicats.

Dindons. — Originaires d'Amérique, mais tellement acclimatés en Europe qu'ils peuvent être considérés comme indigènes. La famille est divisée en deux branches principales : celle du type primitif ou sauvage, dénommée bronzée d'Amérique; celle du type acclimaté, qui comprend plusieurs variétés de noirs, les gris, les blancs, les fauves, les bleus, etc.

Dindons noirs. — Deux variétés principales pour la France :

Les *noirs de Sologne.* Les plus grands de tous; on cite des mâles adultes ayant atteint les poids de 16, 18 et même 19 kilogrammes. Ce développement presque anormal est dû au croisement du noir ordinaire avec le sauvage qui, bien que plus petit, a donné, par une infusion de sang plus généreux, un produit sensiblement plus gros que lui. C'est pour cette raison que presque tous les noirs de Sologne auraient des reflets bronzés sur les plumes des reins.

Se différencient des noirs ordinaires par leurs caroncules rouges moins épaisses et un peu moins développées, comme celles du sauvage d'ailleurs. Les femelles ont ces caroncules d'un rouge un peu noirâtre ; celles des autres variétés les ont beaucoup plus claires. Ont la patte noire la première année et rose la seconde.

Les *noirs de Normandie.* Moins grand et plus trapu, et presque aussi volumineux. Généralement d'un noir plus uni, a les caroncules plus saillantes, le crin de la base du cou plus épais. Est de tempérament un peu plus rustique ;

les femelles ont plus de propension à l'incubation. On dit que sa chair est un peu plus fine et que son engraissement serait plus facile. La patte est la même qu'aux dindons de Sologne et c'est, pour tous deux, un moyen facile et sûr de distinguer les jeunes des adultes.

Gris ou *Bronzé* (*pl.* XVI). — Excellente variété pour le produit, d'aspect plus agréable que le noir dans une cour de ferme ou dans une prairie. Peut atteindre la même taille que les Normands. Est tout aussi rustique. Le camail mordoré est d'un très bel effet au soleil. La queue est grise et marron, les ailes blanches avec stries noires formant gris.

Blanc. — Plumage absolument blanc sur lequel le rouge des caroncules tranche agréablement. Généralement un peu moins forts que les noirs ou les gris, on les dit plus délicats à l'élevage, mais ce n'est nullement démontré. Ont l'avantage de fournir des plumes très recherchées du commerce et de donner, de ce fait, un revenu supérieur. On en trouve atteignant la taille des noirs et il suffirait d'un peu de soins dans la sélection pour les avoir régulièrement équivalents.

Fauve. — Il existe une variété à plumes chamois bordées d'un liséré noir dont l'effet est très joli; mais la taille fait généralement défaut, et c'est plutôt une bête d'ornement que de produit.

Gris perle ou *Bleu*. — De même, une très jolie variété à plumes gris perle bordées de noir. Également manquant de taille et assez délicate à élever.

Ocellé. — Plume blanche à rayures et taches noires d'un effet charmant, mais petit et délicat.

Bronzé d'Amérique. — Grand, élancé, caroncules excessivement fines, presque nulles chez la femelle; crin fin, plumage miroitant au soleil. Pas de plumes grises dans les ailes; toutes mordorées, reliées l'une à l'autre vers leur extrémité par une petite chaînette gris foncé. Oiseau de luxe bon pour croisements; délicat à élever.

XXXII. — Principales races d'Oies et de Canards (description sommaire).

OIES : DE TOULOUSE — COMMUNE OU NORMANDE — DU POITOU — MANCELLE — DE CHAMPAGNE — DE GUINÉE — ITALIENNE — EMBDEN. — CANARDS : DE ROUEN — DE DUCLAIR — D'AYLESBURY — DE PÉKIN — LABRADOR — COUREUR INDIEN — D'INDE OU DE BARBARIE.

Oie de Toulouse (*pl.* XVII). — La plus grosse des oies connues. Caractérisée par son ventre traînant à terre, son fanon proéminent et sa bavette très développée (sorte de sac de peau pendant sous le bec). Cette bavette n'existe que chez les animaux de race très pure soigneusement sélectionnés. Les oies communes élevées en troupeau dans la région toulousaine sont sans fanon et sans bavette.

Plumage uniformément gris avec, sur le manteau, des barres d'un ton plus accentué. Aucune différence de nuance entre le mâle et la femelle; spécialement cultivée dans la région pour être engraissée en vue de la production des foies gras. Les très belles oies de Toulouse, comme d'ailleurs tous les animaux amenés à un développement anormal, sont peu prolifiques.

Oie commune ou *normande* (*pl.* XVII). — La plus répandue en France, et particulièrement en Normandie. La plus robuste, la plus estimée sur les marchés. Atteint à peu près le poids des Toulouse, et pourrait l'atteindre régulièrement avec la moindre sélection. Plumage très caractéristique : tous les mâles sont absolument blancs, sans que jamais une femelle soit blanche; et toutes les femelles ont tête grise avec quelques points blancs, cou blanc, manteau gris, rémiges grises, ventre et plastron blancs. Cette différence de plumage entre les mâles et les femelles est très intéressante, en ce sens qu'elle permet de distinguer les uns des autres, dès le plus jeune âge — ce qui ne peut se faire avec les races unicolores — et facilite la sélection. L'oie normande pond peut-être un peu moins d'œufs que celle de Toulouse, mais elle est meilleure couveuse et ses œufs sont plus régulièrement fécondés.

Oies du Poitou, Mancelle, de Champagne. — Type de la Normandie, en plus petit, plumage moins régulier. Beaucoup de mâles bariolés de gris. Cette irrégularité de plumage est due au manque de sélection. L'oie, en général, est si bonne productrice, que l'habitude a été prise, un peu partout, de s'en rapporter à elle pour amener ses produits, et de ne pas s'occuper du choix des reproducteurs; le hasard seul les désigne. Il y aurait cependant partout grand avantage, et sans que cela pût causer aucune dépense, à les choisir avec la plus grande attention.

Oie de Guinée. — Se rapproche du type sauvage. Petite, excessivement rustique et précoce. Plumage gris mélangé de roux aux tons chauds. Gros lobe de peau à la naissance de la mandibule supérieure du bec. Chair moins fine que les oies communes. A, sur l'eau, une tenue un peu analogue à celle du cygne, et, pour cette raison, garnit souvent des étangs ou des pièces d'eau. Surnommée le cygne du pauvre. Croisée avec des oies communes ou de Toulouse, donne des petits d'élevage facile et de bonne vente sur les marchés.

Italienne. — Oie du Piémont, très petite, unicolore, blanche, mâles et femelles. Rustique et prolifique, mais sans valeur à cause de son poids trop faible.

Embden. — Oie allemande, unicolore blanche, mâles et femelles, de très forte taille, forme ronde. Beaucoup moins prolifique que nos oies françaises.

Oie frisée du Danube (*pl.* XVIII). — Toute blanche, taille moyenne plutôt petite, a toutes les plumes du dos longues, molles et frisées. Rustique et prolifique.

Canard de Rouen (*pl.* XVIII). — Le vrai canard français. Se retrouve, à quelques détails près de nuance ou de forme, sur tout le territoire. C'est le canard sauvage agrandi. Mâle à tête verte, plastron brun, collier blanc, miroir bleu aux ailes, rémiges et ventre gris. Femelle : nuance formée par des plumes maillées de gris noir et de ton amande plus ou moins foncé. Taille amenée au maximum dans certaines régions, notamment en Seine-et-Oise, avec plumage assez clair. Taille moindre et nuance plus soutenue dans la région de Nantes. Les Anglais en ont fait un oiseau de sport, de taille énorme, à plumage très sombre, mais très régulièrement maillé, que l'on trouve assez communément maintenant chez les amateurs français. Le meilleur des canards pour la consommation. Très rustique, prolifique et précoce.

Canard de Duclair. — Même type et même nature, même qualité que le Rouen, sauf que le plumage est identique pour les mâles et pour les femelles : noir avec jabot blanc.

Canard d'Aylesbury (*pl.* XIX). — Le meilleur des canards anglais. Maximum de taille, forme très allongée, tenue horizontale semblable à celle du Rouen. Plumage blanc, d'un blanc mat; bec rosé. Pond de très gros œufs de teinte pâle. Excellente race.

Canard de Pékin (*pl.* XIX). — Une des races les plus rustiques et les plus prolifiques. Est à nos canards indigènes ce que la poule Brahma est à nos poules. Maximum de taille, attitude enlevée, forme pingouin. Bec jaune orange, dont la ligne forme avec celle du cou un angle aigu; queue relevée. Plumage blanc, mais blanc crème, presque couleur de soufre. Chair moins délicate que les autres. Donne, en croisement avec les indigènes, d'excellents produits.

Canard du Labrador. — Petit canard de chair très fine, très prolifique, genre sauvage. Plumage noir, plutôt vert, car il n'a pas, le mâle surtout, une seule plume vraiment noire. Très élégant avec ses reflets métalliques, miroitant au soleil, sur une pièce d'eau.

Coureur indien. — Race d'importation assez récente. Doit sa vogue à sa forme originale; se tient absolument debout, la tête haute et le croupion touchant terre. Plumage insignifiant, fond blanc avec marques à la tête et aux épaules noir et chamois. Taille moyenne. A la réputation de donner une ponte plus abondante que les autres. Sa vogue est affaire de mode.

Canard d'Inde ou *de Barbarie* (*pl.* XX). — S'appelle encore canard muet, parce qu'il ne crie pas et ne fait entendre qu'une sorte de souffle guttural appuyé par un mouvement de tête; et aussi canard musqué parce qu'il porte autour de la tête des caroncules rouges ou noirâtres qui dégagent une odeur de musc très prononcée. Le mâle est beaucoup plus gros que la femelle, dont la taille est seulement moyenne. Il vole avec une grande facilité. Ses doigts sont munis d'ongles allongés lui permettant de se percher. Il est d'une nervosité peu commune et il faut une poigne solide pour tenir un mâle adulte par les deux ailes. Son élevage est des plus faciles. Il est surtout employé comme croisement avec les canards indigènes. Ses produits sont gros, rustiques, faciles à engraisser; mais ce sont des mulets qui ne reproduisent pas. Il y en a des bronzés presque entièrement noir métallique, des noirs et blancs et enfin des blancs, et même des bleus. Les noirs sont les plus estimés.

Canard Cayuga. — Pourrait être dénommé le Labrador géant. Atteint la plus forte taille. Plumage noir ou plutôt vert métallique éblouissant. Connu depuis une vingtaine d'années, commence à prendre une grande vogue.

XXXIII. — Principales races de Pigeons (description sommaire).

PIGEONS : VOYAGEUR — MONTAUBAN — ROMAIN — MONDAIN — CAUCHOIS — CARNEAU — BIZET — BAGADAIS — DRAGON ET CARRIER — DE FANTAISIE.

Les pigeons se subdivisent en deux grandes catégories : races d'utilité, races de fantaisie. Toutes sont également comestibles, et les amateurs envoient à la cuisine les pigeonneaux les plus rares, quand leur plumage ou leur forme ne correspond pas exactement au type adopté.

Les principales races d'utilité sont : les Mondains, les Romains, les Montauban, les Cauchois, les Carneaux, les voyageurs. On y ajoute, en seconde ligne, les Bizets, les Bagadais, les Dragons et les Carriers, dont voici la description sommaire :

Voyageur (*pl.* XX). — Pourrait s'appeler le type classique du pigeon : taille moyenne bien proportionnée, poitrine large, ailes longues, plumage régulier, excellent producteur. Trop connu pour qu'une longue description en soit nécessaire.

Montauban. — Le plus gros de tous les pigeons, large de poitrine, envergure de 0m,95 à 1 mètre, caractérisé par une petite coquille à l'arrière de la tête, en guise de huppe. Nuance unie. Les blancs sont les plus gros. Il y en a des noirs, des rouges, des fumée, et des papillotés, provenant du noir et du blanc. Reproduisent très bien en liberté. Ont l'avantage, étant lourds, de ne pas voler au loin et de rester autour du colombier.

Romain. — Le plus grand. A communément 1 mètre d'envergure et atteint facilement 1m,04 et même 1m,06, ce qui ne l'empêche pas d'avoir une poitrine très large.

Malgré ses longues ailes, serait moins apte à voler que le Montauban. Est, pour cette raison, très souvent élevé en volière, où il prospère assez bien; son élevage se fait surtout à Paris, chez des amateurs disposant de petits espaces. Deux principales variétés : l'une bleue, l'autre fauve, et cinq moins importantes: chamois, rouge, noir, fumée, papilloté.

Bleu et fauve accouplés ensemble produisent toujours ou bleu ou fauve, mais sans mélange de nuance.

Mondain. — Gros pigeon de rapport, sans type bien déterminé, à la formation duquel le Montauban et le Romain ont beaucoup contribué. On en trouve de toutes formes et de toutes couleurs, avec et sans plumes aux pattes. La qualité principale à rechercher est l'ampleur de poitrine.

Cauchois. — Un mondain à plumage maillé, caractéristique, reproduisant bien et de bel aspect. Excellente race de ferme et d'amateur à la fois.

Carneau. — Pigeon de taille moyenne, bien fait, couleur chocolat, tantôt de nuance unie, tantôt avec cinq ou six petites plumes blanches sur l'aile, dites épaulettes. Très répandu dans la région Nord. Est un des plus prolifiques et a la spécialité de produire des pigeonneaux très gros et de volume supérieur à ceux de races beaucoup plus fortes.

Bizet. — Petit pigeon, fait pour vivre à peu près à l'état sauvage, capable d'aller au loin chercher sa subsistance. Produisant bien, mais trop petit pour donner un rendement avantageux.

Bagadais. — Assez fort, haut sur pattes, attitude enlevée, cou allongé, épaules ouvertes, caractérisé par un œil énorme cerclé de rouge et un bec large et long, ressemblant plutôt à celui d'un corbeau qu'à celui d'un pigeon. Bon producteur.

Dragon et *Carrier*. — Voyageurs anglais, taille au-dessus de la moyenne, épaules très ouvertes, cou élancé, bec très long entouré à la base de caroncules très accentuées chez le dragon et développées à l'excès chez le carrier, au point de sembler une forte morille.

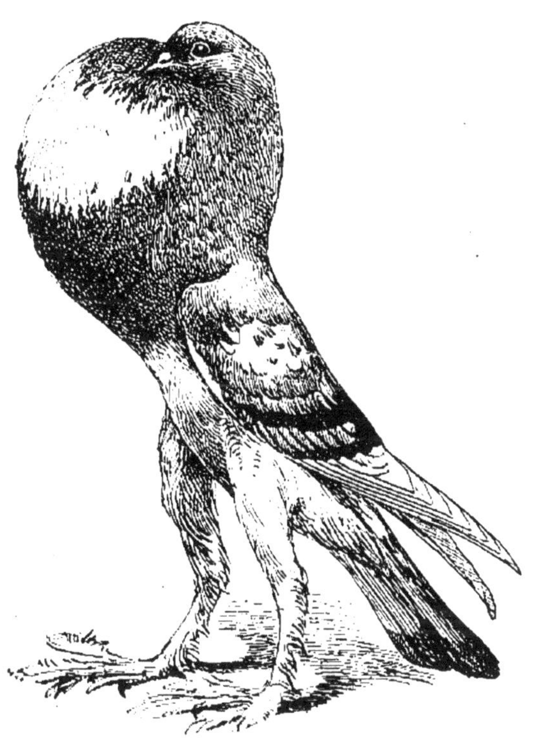

Fig. 11. — Pigeon boulant.

Pigeons de fantaisie. — La liste en est longue et s'allonge chaque jour de créations nouvelles. Celle des variétés les plus connues est déjà suffisante ; elle comprend : *Capucins* (*pl.* XXI), *Coquillés*, *Hirondelles*, *Queue de paon* (*pl.* XXI), *Cravatés*, *Tambours*, *Polonais* (*pl.* XXII), *Blondinettes*, *Frisés*, *Manottes* (*pl.* XXII), *Bouvreuils*, *Satinettes*, *Pie*, *Étourneaux*, *Satins*, *Haut Volants*, *Culbutants*, *Poules*, *Gazzi*, *Schietti*, *Beyrouth*, *Swifts*, *Damascènes*, *Rieurs*, *Tunisiens*, *Turbitéens*, et enfin les *Boulants* (*fig.* 11) grands et petits, pattus et non pattus, dont les variétés sont innombrables.

Le Manotte est un pigeon moyen, orné d'une huppette en forme de coquille. Produit des pigeonneaux très lourds.

Les Boulants sont ces pigeons qui se tiennent à peu près debout et ont la faculté d'enfler leur jabot, au point de le transformer en ballon.

XXXIV. — Principales races de Lapins (description très sommaire).

GÉANT DES FLANDRES. — LAPIN BÉLIER. — LAPIN ARGENTÉ OU A FOURRURE — ANGORA — RUSSE — POLONAIS — HAVANE — BLEU DE BEVEREN — PAPILLON — HOLLANDAIS — JAPONAIS — LIÈVRE BELGE — LÉPORIDE.

Tous les lapins sont comestibles, et, la qualité de leur chair dépendant bien plus de leur nourriture que de leur nature, il y a peu à se préoccuper de la race autrement que pour la satisfaction des goûts personnels. Au point de vue pratique, il n'y a guère qu'une race cultivée sur toute la France, qui, sous des noms différents, suivant les localités, est à peu près la même partout. C'est la variété connue dans les expositions sous le nom de « Normande ». C'est, en somme, le lapin de garenne grossi, amené au poids de 4 à 5 kilogrammes et même plus, mais bien proportionné, large de reins, aux oreilles courtes, avec pelage gris roux, de nuance régulière, rustique et prolifique. C'est partout le meilleur à cultiver.

Géant des Flandres (*pl.* XXIII). — Voisine avec le Normand. Triomphe de l'élevage belge, ayant grande tendance à se propager en France. C'est un véritable géant, arrivant au poids de 8 à 9 kilogrammes; longues oreilles, membres énormes; corps démesurément long. Pelage gris roux et gris fer, splendide dans une cage d'exposition, mais de tempérament assez délicat, de développement lent et peu prolifique. A l'avantage de donner des peaux énormes, appréciées des fourreurs.

Lapin bélier. — Très gros, mais n'ayant d'autre raison d'être que la fantaisie des amateurs, caractérisé par une grosse tête busquée et des oreilles pendantes, traînant à terre. Peu rustique et peu prolifique.

Argenté ou *à fourrure*, ou *Argenté de Champagne*. — A l'avantage de pouvoir être à la fois cultivé pour la viande et pour la peau, et d'être en même temps d'aspect séduisant. De grosseur moyenne, bien proportionné, oreilles droites et courtes, il est d'un pelage formé de poils noirs à la base et blancs à leur extrémité, donnant une teinte gris clair argentée, exactement nuance vieil argent, et uniforme sur tout le corps. Par leur finesse de ton et leur régularité, ces peaux font de très jolies fourrures. C'est un lapin très rustique, de développement précoce. Les petits naissent noirs.

Angora. — Assez forte taille, poil soyeux excessivement long, dont on fait des tissus ayant la particularité d'être à la fois excessivement légers et chauds. Le poil se récolte par peignage, trois ou quatre fois par an. Pelage blanc généralement. Il y en a de toutes nuances. A part cette qualité exceptionnelle, est peu prolifique et de chair médiocre.

Russe (*pl.* XXIII). — Ravissant petit lapin blanc avec pattes, queue, nez et oreilles noirs, yeux rouges. Chair de qualité supérieure, excessivement rustique, précoce et prolifique. Peau très appréciée des fourreurs.

Polonais. — Le plus petit de tous les lapins. Tout blanc, de forme charmante, très petites oreilles. Poil court, brillant, d'une grande finesse; sa peau est très recherchée et remplace l'hermine dans bien des cas. Un peu moins rustique et prolifique que les Russes, mais reproduit bien.

Havane. — Petit lapin de nuance tabac, n'a d'intérêt que pour la fourrure.

Bleu de Beveren. — Gros lapin à pelage bleu ardoise, de nuance uniforme, très régulière, se reproduit très correctement. Peut être utilisé pour la chair et pour la fourrure.

Papillon (*pl.* XXIV). — Assez fort pour être admis dans la catégorie de produit. Pelage original blanc, avec une sorte de papillon noir sur le nez, une raie de poils noirs sur le dos et des taches noires irrégulières sur les flancs. Rustique et assez prolifique.

Hollandais (*pl.* XXIV). — Taille au-dessous de la moyenne, noir ou bleu avec une sorte de tablier blanc. Très gentil et nullement mauvais, mais sans valeur particulière.

Japonais. — Assez fort, forme allongée, pelage formé de trois couleurs : gris, noir, acajou, par plaques irrégulières. Fourrure très originale. Assez rustique. Produit bien.

Lièvre belge. — Un lapin ayant le pelage et aussi l'expression d'un lièvre. Type créé par une habile sélection. Assez gros, fin de chair et prolifique.

Léporide. — Présenté comme le produit du croisement du lièvre et du lapin. N'est qu'un lapin avec des caractères particuliers. Le croisement des deux espèces, tenté bien des fois, n'a jamais pu réussir, parce que leur constitution zootechnique n'est pas la même.

XXXV. — Conclusion.

La pratique de l'aviculture, la notion des diverses races, le goût des beaux animaux, font généralement naître un sentiment bien naturel contre lequel il importe cependant de réagir : c'est le désir de cultiver simultanément toutes les races, de posséder une collection complète, et de placer tout son amour-propre dans l'importance de cette collection.

Jamais le proverbe « Qui trop embrasse mal étreint » n'a mieux qu'ici trouvé son application. Au lieu d'augmenter progressivement la valeur d'une race, de s'attacher à modifier ses défauts, en augmentant ses qualités, on n'arrive, faute de pouvoir tout surveiller assez étroitement, qu'à obtenir un ensemble de médiocrités.

L'animal parfait, ou du moins conforme à l'idéal entrevu par les éleveurs, est si rare, qu'on peut presque affirmer qu'il n'existe pas. Or la matière animale est tellement malléable, qu'on peut toujours prétendre la façonner à sa guise et arriver à cet idéal; mais ce n'est qu'à force de soins, de temps et de patience, et parfois la vie d'un homme n'est pas assez longue pour atteindre le but.

Ce n'en est pas moins une noble et saine ambition que de devenir en quelque sorte créateur, en formant un animal, d'après un modèle tracé par soi-même, ou seulement d'après un maître dont on sera devenu le fidèle disciple. Quelle satisfaction intime ne ressent-on pas, en voyant grandir une bête exempte d'un défaut qui déparait ses ancêtres, et, ce, grâce au choix judicieux qu'on a su faire de ses parents; quand, chaque année, les résultats de la sélection sont tangibles; quand la valeur des produits augmente constamment; quand, battu une première année dans un concours, on obtient l'année suivante la mention honorable, puis le premier prix, et enfin le prix d'honneur! C'est aux seuls spécialistes que ces avantages et ces joies sont réservés, à ceux qui, s'adonnant à la culture d'une seule race, arrivent à la connaître dans ses moindres détails; qui, après l'avoir entretenue avec amour, finissent par la cultiver avec passion et l'amènent à la perfection. De plus, le spécialiste acquiert vite une notoriété qui lui assure une vente régulière et à bon prix de ses produits, sans publicité spéciale. Le bon renom de son élevage est la meilleure des réclames, et à chaque amélioration de ses produits correspond une augmentation de son chiffre d'affaires.

Aucun commerce, aucune industrie ne donne, à un même degré et simultanément, satisfaction, honneur et profit; aucune occupation n'est plus attrayante.

Il suffit d'avoir un peu pratiqué l'aviculture, d'en connaître, non les secrets, mais les principes généraux, pour tout de suite l'aimer et pour qu'elle devienne un des éléments les plus utiles, un des charmes principaux de la vie rurale.

Pl. I.

Poulailler rustique.

Couveuse artificielle.

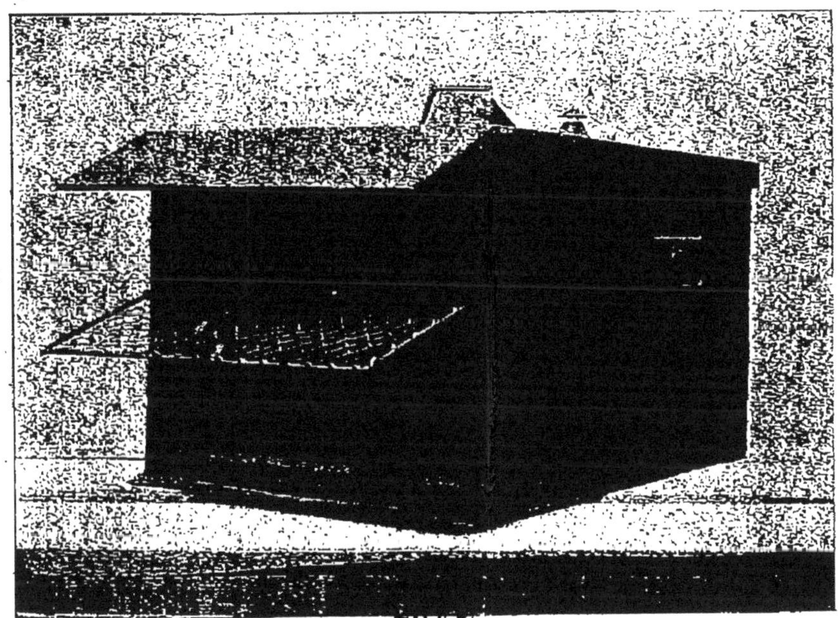

Mère à lampe. (Vue d'ensemble.)

Mère à lampe. (Détail de l'intérieur.)

Pl. III.

Gaveuse mécanique.

Pigeonnier.

Race de Houdan.

Race de Faverolles.

Pl. V.

Race de Mantes.

Race de La Flèche.

Pl. VI.

Race de Caumont.

Race de Bresse.

Pl. VII.

Race coucou de Rennes.

Race ardennaise.

Pl. VIII.

Race du Mans.

Race courtes-pattes.

Race gasconne.

Race coucou des Flandres.

Pl. X.

Race de Brahma Pootra.

Race malaise.

Pl. XI.

Race cochinchinoise.

Race Orpington.

Pl. XII.

Race Wyandotte.

Race de Minorque.

Pl. XIII.

Race Brackel.

Race de Malines.

Pl. XIV.

Race de Padoue

Race espagnole

Pl. XV.

Race de Nagasaki.

Race de Yokohama.

Pl. XVI.

Pintade.

Dindon gris.

Pl. XVII.

Oie de Toulouse.

Oie normande.

Pl. XVIII.

Oie frisée du Danube.

Canard de Rouen.

Pl. XIX.

Canard d'Aylesbury

Canard de Pékin

Pl. XX.

Canard de Barbarie.

Pigeon voyageur belge.

Pl. XXI.

Pigeon capucin.

Pigeon queue de paon.

Pl. XXII.

Pigeon polonais.

Pigeon Manotte.

Pl. XXIII.

Lapin géant des Flandres.

Lapin russe.

Pl. XXIV.

Lapin papillon.

Lapin hollandais.

INDEX ALPHABÉTIQUE

G

H

I

L

M

N

O

P

TABLE DES MATIÈRES

Paris. — Imp. LAROUSSE, 17, rue Montparnasse.

(Voir la suite page suivante.)

Bibliothèque Larousse

LITTÉRATURE (*Suite*)

Molière : Théâtre complet illustré. Avec biographie et notes, par Th. COMTE, agrégé de l'Université. *Sept volumes* illustrés de 63 gravures, dont 36 hors texte d'après BOUCHER. Chaque volume, broché, **1** fr.; relié toile souple. . . **1** fr. 30

Se vend également en *deux volumes*, reliure demi-peau, tête dorée, très élégante . . . . **13** francs

La Fontaine : Fables illustrées. Avec biographie et notes, par M. MOREL, agrégé de l'Université. *Deux volumes* illustrés de 24 gravures d'après OUDRY et 4 hors texte. Chaque volume, broché, **1** fr.; relié toile souple. . . . . . **1** fr. 30

Se vend également en *un seul volume*, reliure demi-peau, tête dorée, très élégante. . . . . **4** fr. 50

Boileau : Œuvres choisies illustrées. Avec biographie et notes par L. COQUELIN. 8 gravures et 1 autographe. Broché, **1** fr.; relié toile. . . . . . **1** fr. 30

Balzac : Le Père Goriot. Avec portrait. Broché, **1** fr.; relié toile. **1** fr. 30

Balzac : Eugénie Grandet. 1 portrait et 1 autogr. Br., **1** fr.; relié t. **1** fr. 30

Balzac : La Cousine Bette. *Deux vol.* Chaque vol., br., **1** fr.; rel. t. **1** fr. 30

Balzac : Le Cousin Pons. Avec portrait. Broché, **1** fr.; relié toile. **1** fr. 30

Balzac : Le Médecin de campagne. 1 gr. Broché, **1** fr.; relié t. **1** fr. 30

Balzac : Le Lys dans la vallée. Broché, **1** fr.; relié toile. . . . . **1** fr 30

Balzac : La Peau de chagrin. 1 grav. Broché, **1** fr.; relié toile. **1** fr. 30

(N. B. — *Les huit volumes de Balzac peuvent être achetés reliés sous étui au prix de* **11** *fr.*)

Alfred de Musset : Premières poésies. 1 grav. Br., **1** fr.; relié t. **1** fr. 30

Alfred de Musset : Poésies nouvelles. 1 gr. Br., **1** fr.; relié toile. **1** fr. 30

Alfred de Musset : Comédies et Proverbes. *Trois volumes*. Avec 2 gravures et 1 autographe. Chaque volume, broché, **1** fr.; relié toile . . . . **1** fr. 30

A. de Musset : La Confession d'un enfant du siècle. Br., **1** fr.; rel. t. **1** fr. 30

Alfred de Musset : Nouvelles. Broché, **1** fr.; relié toile. . . . . . **1** fr. 30

Alfred de Musset : Contes. 1 gravure. Broché, **1** fr.; relié toile. **1** fr. 30

(N. B. — *Les huit volumes de Musset peuvent être achetés reliés sous étui au prix de* **11** *fr.*)

Anthologie des écrivains français du XIXe siècle. TOMES I et II : *Poésie*. Avec biographies et notes par GAUTHIER-FERRIÈRES, 44 portraits et 44 autographes. Chaque vol., broché. **1** fr.; relié toile. . . . . **1** fr. 30

2° *Études littéraires*. — Conçus sur un plan uniforme, les volumes ci-dessous comportent, avec la vie des écrivains, l'étude de leur œuvre accompagnée d'extraits caractéristiques Ils permettent ainsi de se faire une idée précise et complète de chacun d'eux.

Montaigne, par Louis COQUELIN. Vie de Montaigne et étude de son œuvre (nombreux extraits). 6 gravures. Broché, **0** fr. **75**; relié toile. . . . . . **1** fr. 05

Musset, par GAUTHIER-FERRIÈRES, lauréat de l'Académie française. Vie de Musset, avec extraits de son œuvre. 4 grav. Broché, **0** fr. **75**; relié toile. **1** fr. 05

Daudet, par P. et V. MARGUERITTE, G. GEFFROY, etc. Vie de Daudet et étude de son œuvre (nombreux extraits). 8 grav. Broché, **0** fr. **75**; rel. toile. **1** fr. 05

Schiller, par Charles SIMOND, lauréat de l'Académie française. Vie de Schiller et étude de son œuvre (nombreux extraits). 4 grav. Br., **0** fr. **75**; rel. t. **1** fr. 05

Gœthe, par Charles SIMOND. Vie de Gœthe et étude de son œuvre (nombreux extraits). 4 gravures. Broché, **0** fr. **75**; relié toile. . . . . **1** fr. 05

Envoi franco contre mandat-poste (pour l'étranger, ajouter 20 cent. par vol.).

Bibliothèque Larousse

LITTÉRATURE (Suite)

Tolstoï, par OSSIP-LOURIÉ, lauréat de l'Institut. Vie de Tolstoï et étude de son œuvre (nombreux extraits). 4 grav. Broché, **0** fr. **75**; relié toile. **1** fr. **05**

Ibsen, par OSSIP-LOURIÉ, lauréat de l'Institut. Vie d'Ibsen; son œuvre (nombreux extraits); l'*ibsénisme*. 4 gravures. Broché, **0** fr. **75**; relié toile. **1** fr. **05**

3° *Histoire de la Littérature.* — Cette section mettra à la disposition du public d'excellents précis des diverses littératures, pour la plupart desquelles il n'existait guère jusqu'ici que des traités d'un prix assez élevé. Signés d'écrivains autorisés, ces petits volumes exposent d'une façon concise et réellement intéressante tout ce qu'il est essentiel de savoir sur chacune d'elles.

Littérature anglaise, par W. THOMAS. 56 gr. Br., **1** fr. **20**; rel. t. **1** fr. **50**

Histoire de la Littérature russe, par Louis LEGER, membre de l'Institut. Nombreuses gravures. Broché, **0** fr. **75**; relié toile . . . . **1** fr. **05**

BEAUX-ARTS

Rembrandt, par Auguste BRÉAL. Vie de Rembrandt et étude de son œuvre. 24 gravures. Broché, **1** fr. **20**; relié toile . . . . **1** fr. **50**

L'Art à l'École, par Ch.-M. COUYBA, sénateur, et les membres du Comité de la *Société nationale de l'Art à l'École.* 70 grav. Broché, **1** fr. **20**; relié toile. **1** fr. **50**

HISTOIRE ET GÉOGRAPHIE

Histoire de Russie, par Louis LEGER, membre de l'Institut. 12 gravures, 2 cartes. Broché, **0** fr. **75**; relié toile. **1** fr. **05**

Géographie rapide de l'Europe, par O. RECLUS. 16 gravures, 1 carte. Broché, **1** fr. **20**; relié toile. . . . . **1** fr. **50**

VIE SOCIALE ET DROIT USUEL

Entre locataires et propriétaires, par D. MASSÉ. Guide pratique de droit usuel en matière de location. Broché, **1** fr. **20**; relié toile . . . . . . **1** fr. **50**

Ce que la loi punit, par René GUYON. Code pénal expliqué. Broché. **0** fr. **90** Relié toile. . . . . **1** fr. **20**

Les Assurances, par E. ADAM. Guide pratique. Br., **0** fr. **75**; rel. t. **1** fr. **05**

Les Accidents du travail, par Louis ANDRÉ. Exposé pratique de la législation actuelle et de ses conséquences. Broché, **0** fr. **90**; relié toile. . **1** fr. **20**

Assistance aux vieillards, aux infirmes, aux incurables. Guide pratique à l'usage des fonctionnaires départementaux, etc. Br., **1** fr. **20**; rel. toile. **1** fr. **50**

Code municipal, par Max LEGRAND. Manuel clair et commode à l'usage des maires, adjoints, secrétaires de mairie, etc. Br., **1** fr. **20**; relié toile **1** fr. **50**

SCIENCES PURES ET APPLIQUÉES

La Définition de la Science, entretiens philosophiques, par F. LE DANTEC, chargé de cours à la Sorbonne. 88 gravures. Broché, **1** fr. **20**; relié toile. **1** fr. **50**

La Photographie des couleurs, par COUSTET. 22 gr. Br., **0** fr. **75**; rel. t. **1** fr. **05**

Les Alliages métalliques, par HÉMARDINQUER. 9 gr. Br., **0** fr. **50**; rel. t. **0** fr. **75**

La Voix professionnelle, par le Dr P. BONNIER. Leçons pratiques de physiologie appliquée aux carrières vocales, enseignement, barreau, théâtre (cours du théâtre Réjane 1907-1908). 39 grav. Br., **2** fr.; relié toile. . . . . . . **2** fr. **50**

(Voir la suite page suivante)

Bibliothèque Larousse

MÉDECINE ET HYGIÈNE

L'Estomac : hygiène, maladies, traitement, par le Dr M.-A. LEGRAND. 14 gravures. Broché, **1** fr.; relié toile. . . . . **1** fr. **30**

L'Œil : hygiène, maladies, traitement, par le Dr VALUDE, médecin de la clinique nationale des Quinze-Vingts. 54 grav. Broché, **1** fr.; rel. toile. **1** fr. **30**

L'Oreille : hygiène, maladies, traitement, par le Dr M.-A. LEGRAND. 74 gravures. Broché, **1** fr. **20**; relié toile . . . . **1** fr. **50**

La Bouche et les Dents : hygiène, maladies, traitement, par le Dr P. ROSENTHAL. 28 gravures. Broché, **1** fr.; relié toile . . . . **1** fr. **30**

Le Nez et la Gorge : hygiène, maladies, traitement, par le Dr A. NEPVEU. 48 gravures. Broché, **1** fr.; relié toile. . . . . **1** fr. **30**

La Peau et la Chevelure : hygiène, maladies, traitement, par le Dr M.-A. LEGRAND. 65 gravures. Broché, **1** fr. **20**; relié toile. . . . . . **1** fr. **50**

Pour élever les nourrissons, par le Dr GALTIER-BOISSIÈRE. Conseils pratiques à l'usage des jeunes mères. 62 grav. Broché, **0** fr. **90**; relié toile **1** fr. **20**

Pour préserver des maladies vénériennes, par le Dr GALTIER-BOISSIÈRE. 34 gravures. Broché, **0** fr. **75**; relié toile. . . . . **1** fr. **05**

AGRICULTURE

Routine et progrès en agriculture, par R. DUMONT. Excellent ouvrage à répandre parmi les petits et moyens cultivateurs. 92 gr. Br., **1** fr. **80**; rel. **2** fr. **25**

Le Jardin de l'instituteur, de l'ouvrier et de l'amateur, par P. BERTRAND. Manuel pratique de jardinage. 60 grav. et 9 pl. Br., **1** fr. **20**; rel. t. **1** fr. **50**

Le Verger de l'instituteur, de l'ouvrier et de l'amateur, par P. BERTRAND. 193 gravures. Broché, **1** fr. **20**; relié toile. . . . . **1** fr. **50**

Le Bétail, par Marcel VACHER, membre du Conseil supérieur de l'Agriculture. Amélioration et reproduction. 40 grav. Broché, **0** fr. **75**; relié toile . . **1** fr. **15**

Le Porc, par Marcel VACHER. 40 gravures. Br., **0** fr. **75**; rel. toile **1** fr. **15**

Améliorations du sol (*Drainage et irrigations*), par M. ABADIE, prof. à l'École natle d'agriculture de Rennes. 95 grav. Br., **0** fr. **90**; relié toile **1** fr. **20**

Des fourrages verts toute l'année, par H. COMPAIN, chef de culture à l'École nationale de Grignon. 44 gravures. Broché, **0** fr. **90**; relié toile. **1** fr. **20**

CONNAISSANCES PRATIQUES

Défends ton argent, par Gustave SOREPH. Conseils pratiques pour éviter les pièges tendus à l'épargne. 4 gravures. Broché, **0** fr. **90**; relié toile. . . **1** fr. **20**

La Cuisine à bon marché, par Mme J. SÉVRETTE. Br., **0** fr. **90**; rel. **1** fr. **20**

Le Guide mondain, par la Ctesse DE MAGALLON. Br., **0** fr. **90**; rel. **1** fr. **20**

Le Passe-temps des mois, par V. DELOSIÈRE. Mémento des diverses occupations à toutes les époques de l'année. 111 grav. Br., **0** fr. **75**; relié t. **1** fr. **05**

La Maison fleurie, par F. FAIDEAU. 61 grav. Br., **0** fr. **90**; relié t. **1** fr. **20**

Le Dessin de l'artisan et de l'ouvrier, par CHEVRIER. Manuel pratique à l'usage des ouvriers, contremaîtres, etc. Nombr. grav. Br., **0** fr. **75**; rel. t. **1** fr. **05**

Pour former un tireur, par VIOLET et VOULQUIN (publié sous le patronage de l'*Union des Sociétés de tir de France*). 38 gr. Br., **0** fr. **75**; rel. toile. **1** fr. **05**

Frontières françaises, forts, camps retranchés, par G. VOULQUIN, avec introduction de P. BAUDIN, député. *Trois volumes* illustrés de nombreuses gravures et cartes. Chaque volume, broché, **1** fr. **20**; relié toile. . . . . . **1** fr. **50**

Envoi franco contre mandat-poste (pour l'étranger, ajouter 20 cent. par vol.).

LIBRAIRIE LAROUSSE, 13-17, RUE MONTPARNASSE, PARIS (6e)
ET CHEZ TOUS LES LIBRAIRES

Reproduction réduite (format 21 × 30, 5 cent.).

Le Larousse pour tous

Publié sous la direction de Claude AUGÉ

Deux magnifiques volumes de près de 1 000 pages chacun (format 21 × 30, 5), 17 325 gravures, 216 cartes en noir et en couleurs, 35 superbes planches en couleurs. Prix de l'ouvrage complet, broché . . . . **35** francs
Relié demi-chagrin, fers spéciaux de George Auriol. . . . . **45** francs

Payement par traites de **5 francs tous les deux mois**
(Au comptant, 10 0/0 d'escompte)

Avoir un « Larousse », une de ces encyclopédies si universellement renommées où on trouve tout ce qu'on peut avoir besoin de savoir, qui vous renseigne sur tout ce qui vous embarrasse, qui vous donne, peut-on dire, dans la vie une véritable supériorité intellectuelle et pratique, c'était là un privilège réservé jusqu'ici à ceux qui pouvaient acquérir des ouvrages d'un prix élevé comme le *Grand Dictionnaire Larousse* ou le *Nouveau Larousse illustré*. Chacun maintenant, grâce au **Larousse pour tous,** va enfin pouvoir, si modestes que soient ses moyens, bénéficier des immenses avantages que procure journellement la possession d'un tel ouvrage.

Ce sont **toutes les connaissances humaines,** tous les résultats de la science et de l'érudition, toute l'essence de la littérature et de l'art, toutes les données de la vie pratique, que ce merveilleux dictionnaire encyclopédique met désormais véritablement à la portée de tous, à un prix des plus modiques. On y trouve tous les mots de la langue, la grammaire, les étymologies, l'historique de toutes les littératures et l'analyse des œuvres remarquables, la description des chefs-d'œuvre de la peinture, de la sculpture, de l'architecture, l'histoire, la mythologie, la biographie de tous les personnages célèbres, la géographie, la philosophie, les sciences mathématiques, physiques et naturelles, les sciences appliquées, les connaissances pratiques et professionnelles, etc., etc. : le tout présenté sous la forme la plus accessible, la plus commode et la plus claire, et accompagné de **milliers de gravures** et d'une profusion de **planches et cartes en noir et en couleurs** de toute beauté.

Demander le prospectus spécimen.

Livres d'intérêt pratique

Pour choisir une carrière, par Daniel MASSÉ, juge de paix de Nogent-sur-Marne. Un vol. in-8° de XXXII-520 pages. 2e éd. Br., **4 fr. 50**; relié. t. **5 fr. 50**

Cet ouvrage se distingue de tous ceux qui ont déjà paru dans ce genre par la largeur de son plan et par une précision de renseignements à laquelle on n'avait pas encore atteint en pareille matière. On y trouvera, non seulement sur les professions administratives, libérales, commerciales et industrielles, mais même sur les métiers manuels, des indications aussi pratiques que détaillées.

Manuel du Commerçant, par E. SEGAUD, ancien président du Tribunal de commerce d'Arras. Un vol. in-8° de 320 pages. Broché, **3 fr. 50**; rel. t. **4 fr. 50**

Ce volume présente, sous une forme simple et commode à consulter, les diverses notions juridiques et pratiques d'un intérêt courant dans la vie commerciale. Dû à la plume d'un homme du métier, il rendra les plus grands services aux commerçants, qui auront avec lui sous la main la solution des mille cas qui peuvent journellement les embarrasser.

La Comptabilité commerciale, industrielle et domestique, avec notions sur le commerce, le crédit, les sociétés et la législation commerciale, par Gustave SOREPH. Un vol. in-8° de 270 pages. 3e édit. Br., **3 fr.**; rel. toile. **4 francs**

Cet ouvrage met la comptabilité à la portée de tous sous une forme véritablement pratique et claire ; il se recommande tout particulièrement aux jeunes gens qui se destinent aux carrières commerciales, à ceux qui veulent se créer une position dans nos grands établissements financiers, aux candidats qui se préparent aux examens de la Banque de France, du Crédit foncier, etc.

Pour gérer sa fortune, par Pierre DES ESSARS. Conseils pratiques sur les placements de capitaux et les assurances. 4e édit. In-8°. Br., **2 fr. 50**; rel. **3 fr. 50**

Ce petit livre, qui a été l'objet des appréciations les plus élogieuses dans la presse quotidienne et financière, est essentiellement un ouvrage de vulgarisation pratique. Sous sa forme concise et condensée, il guidera utilement le capitaliste, en exposant avec simplicité et avec clarté les diverses opérations financières qu'un particulier peut être appelé à traiter dans son existence.

Les Impôts, *guide pratique du contribuable*, par un PERCEPTEUR. In-8°, 160 pages. Broché. . . . . **2 francs**

Ce petit volume permettra à chacun de connaître avec précision l'étendue de ses obligations envers le fisc. On y trouvera sur chaque contribution des indications pratiques dues à la plume d'un professionnel (matière imposable, exemptions, mode de payement, poursuites, réclamations, etc.).

Hygiène nouvelle, par le Dr GALTIER-BOISSIÈRE. In-8°, 376 pages, 396 gravures. Broché. . . . . **3 fr. 75**

La science de l'hygiène a fait de grands progrès à notre époque et tout le monde a le plus sérieux intérêt à les connaître. Le livre du Dr Galtier-Boissière sera à ce titre un guide des plus précieux. On y trouvera exposé, sous une forme simple et claire, avec nombreuses figures à l'appui, tout ce qu'il est pratiquement utile de savoir sur les microbes et les maladies infectieuses, l'air, la lumière, les aliments et les boissons, l'hygiène des vêtements, de l'habitation, etc.

Envoi franco au reçu d'un mandat-poste.

Collection in-4° Larousse

Donner à un prix très modéré de véritables ouvrages de luxe, imprimés avec soin sur un papier magnifique, merveilleusement illustrés par les procédés de reproduction photographique les plus perfectionnés et embellis de reliures originales signées d'artistes comme Grasset, Auriol, etc., tel est l'objet de la *Collection in-4° Larousse*. Cette superbe collection met ainsi à la portée de tous des satisfactions jusqu'ici réservées à un petit nombre de bibliophiles et d'amateurs. (Format 32×26.)

Le Musée d'Art (des Origines au XIXe siècle), publié sous la direction de M. Eug. Müntz. 900 gravures photographiques, 50 planches hors texte. — Broché, **22** fr.; relié demi-chagrin. **27** francs

Le Musée d'Art (XIXe siècle). 1000 gravures photographiques, 58 planches hors texte. — Broché, **28** fr.; relié demi-chagrin . . . . **34** francs

Les Sports modernes illustrés, encyclopédie sportive illustrée, publiée sous la direction de MM. P. Moreau et G. Voulquin. 813 gravures, 28 planches hors texte. — Broché, **20** fr.; relié demi-chagrin . . . . **26** francs

La Terre, géologie pittoresque, par Aug. Robin. 760 reproductions photographiques, 24 hors-texte, 53 tableaux de fossiles, 158 dessins et 3 cartes en couleurs. — Broché, **18** fr.; relié demi-chagrin. . . . . **23** francs

Atlas Larousse illustré. 42 cartes en couleurs hors texte, 1158 reproductions photographiques. — Broché, **26** fr.; relié demi-chagrin. . . . . **32** francs

Atlas Colonial illustré. 7 cartes en couleurs hors texte, 70 cartes en noir, 16 pl. hors texte, 768 reprod. photogr. — Broché, **18** fr.; relié . . . **23** francs

Paris-Atlas, par F. Bournon. 595 reproductions photographiques, 32 dessins, 24 plans hors texte en huit couleurs. — Broché, **18** fr.; relié . . . . **23** francs

L'Allemagne contemporaine illustrée, par P. Jousset. 588 reproductions photographiques, 8 cartes en couleurs hors texte, 14 cartes ou plans en noir. — Broché, **18** fr.; relié demi-chagrin . . . . **23** francs

L'Italie illustrée, par P. Jousset. 784 reprod. photogr., 14 cartes et plans en couleurs, 9 cartes en noir. — Broché, **22** fr.; relié . . . . **28** francs

L'Espagne et le Portugal illustrés, par P. Jousset. 772 reproductions photographiques, 10 cartes et plans en couleurs, 11 cartes et plans en noir. — Broché, **22** fr.; relié demi-chagrin. . . . . **28** francs

La Hollande illustrée, par MM. Maxime Petit, Van Keymeulen, etc. 349 reproductions photographiques, 2 planches en couleurs, 4 cartes en couleurs, 35 cartes en noir. — Broché, **12** fr.; relié demi-chagrin. . . . . . . **17** francs

En cours de publication :

Histoire de France illustrée (des Origines à nos jours). Magnifique ouvrage présentant l'histoire d'une façon toute nouvelle et réellement intéressante pour tous. Le *Tome Ier*, des Origines à la mort de Henri IV, est en vente (broché, **27** fr.; relié, **33** fr.); le *Tome II*, de Louis XIII à nos jours, paraîtra en 1910. (Demander le prospectus spécimen avec les conditions de souscription.)

N. B. — *Les ouvrages de la Collection in-4° Larousse peuvent être acquis à raison de* **10** *francs par mois en France, Algérie, Tunisie, Alsace-Lorraine, Suisse et Belgique.*

Envoi franco au reçu d'un mandat-poste.

Paris. — Imp. Larousse (Déc. 1909).

Prix : 1 fr. 50 net.

www.ingramcontent.com/pod-product-compliance
Ingram Content Group UK Ltd.
Pitfield, Milton Keynes, MK11 3LW, UK
UKHW021048230726
13926UKWH00004B/1719